新冠狀病毒帶來的挑戰與反思

疫流而上

聖神修院神哲學院 生命倫理資源中心
明愛專上學院 健康科學院

編著

序一 2019 新冠病毒疫症 倫理反思

按創世紀的記載，天主在創造天地萬物時，囑咐人類要好好管理和照顧大地的一切，上主說：「你們要生育繁殖，充滿大地，管理大地，治理大地」（參閱創 1:27-28），給予人類分享祂製造生命的能力，同時更賜予人智慧和能力，從中發現宇宙萬物的定律，幫助人持續發展大地，因而藉着大地的美，而讚美這位造生萬物的天主。

可惜由於人的罪惡，破壞了大地一切受造的定律，增添不少人間疾苦；天主卻憐憫人類，讓聖子降生人間，藉着宣講希望的福音，治療、改造和更新人心，賜予人永生的希望。

在我們人類面對這疫症大流行的時候，教區生命倫理小組、聖神修院神哲學院生命倫理資源中心，及明愛專上學院健康科學院亦在這時期，希望能為社羣做一點事情，盡力團結相關的人士，反省和總結經驗，鼓勵更多人貢獻所長，慷慨分享研究成果，為克服這世紀的挑戰貢獻一些力量。

我們舉辦兩天的聚會，希望藉着嘉賓寶貴的經驗，為面對這疫情提出建設性的方向，給予參與者一點光亮；不再消極抗疫，讓我們能更積極地化危為機，好好讓這地球村，成為更有福氣的地方，使各人能在生活中讚美天主的全能和美善。

我們會將嘉賓在這兩天的分享編輯成書，與大眾分享我們在這方面的成果，好能在這抗疫行動中，獻上我們微少的力量。

天主教香港教區
林祖明神父

反思疫症倫理
集思廣益

明愛專上學院非常榮幸，能夠與聖神修院神哲學院生命倫理資源中心、香港天主教教區生命倫理小組，合辦第七屆天主教生命倫理研討會「有關 2019 冠狀病毒疫症的倫理反思」。

自去年新冠肺炎爆發以來，每一個人的日常生活都無可避免受到影響，衣、食、住、行，以至工作上的規律，也因防疫措施帶來巨大的衝擊，難得是次為期兩天的研討會，能夠集合不同界別的專家及學者，就疫情下的醫療關顧、醫護資源分配、新冠狀病毒引起的附帶傷害，以及疫症監察及隔離檢疫等四個不同範疇，從不同角度探討疫症對我們的衝擊，當中亦有宗教倫理的反思，我相信每位出席研討會人士也會得到啟發。

新冠肺炎疫情，也令我別有一番體會。明愛專上學院一直致力培養知識品格兼備的專門人才，其中護士及社工佔最大比重，在 2020/21 學年亦增設了培訓物理治療專才的學士學位課程。想到我們現時的護理及社工同學，以及過往的畢業生，能夠在抗疫的艱難時刻出一分力，以個人的專業知識及技能回饋社會，我是深感欣慰。

明愛專上學院作為自資院校，我們的同學同樣因疫情無法如常返回校園上課，一如其他大專院校需適應網上教學的新模式，不論同學、家長、教師或學校管理層都感到困擾，如何調撥資源推行網上教學、安排校園防疫措施等等，均是前所未有的挑戰。不過，我們在面對這些難題的同時，也獲得寶貴的經驗，誠如我們學院的校訓——「自強不息」，勉勵同學不斷自我改進，裝備自己應付未來的挑戰，也是我們邁向聖方濟各大學的過程中，一次難得的歷練。

明愛專上學院校長
麥建華博士

序三 從疫情醫療議題反思醫療倫理

2019 冠狀病毒肆虐全球，不單對醫療服務帶來重大壓力，同時亦引發很多醫療倫理的問題，例如疫情下整體的關顧、資源分配、病毒帶來的附帶傷害（Collateral Damage）和監察及隔離檢疫政策。

Cottone and Tarvydas 參照 Beauchamp Childress 總結了五項重要的醫療道德原則：
- 尊重個人決定權（Autonomy）
- 為病人帶來益處（Beneficence）
- 避免病人受到不必要傷害（Non-maleficence）
- 公義、公平、公正（Justice, Fairness, Equity）
- 堅守誠諾（Fidelity）

突如其來的疫情，使醫護在前線工作時，往往會顧此失彼。上述原則可保障病人權益，及令醫療團隊發展專業精神。在 2020 年 9 月，天主教生命倫理研討會就有關 2019 冠狀病毒疫症所帶出的問題，作出倫理反思，不同界別的學者及前線醫護專家分析在疫情下的照顧、資源分配、附帶傷害、監察及隔離政策等議題，加強日後面對重大公共衛生危機的抗疫能力。

疫情下要關顧的人不單是有明顯病徵的病患者，亦要顧及輕微病徵的病人及、其家屬及接觸者。此外，我們亦不能忽略其他病人，如長期患病者，及因疫情長期不能外出的長者。其實，基層醫療團隊是最適合擔當此重任，奈何香港基層醫療發展緩慢；蔡堅醫生的分享帶出社區診所缺乏進行檢測的適當配套，亦帶出疫情下長者關顧問題。鄔維揚醫生執事亦帶出醫生應發揮關懷、支持及鼓勵的功能，特別對弱勢社羣。他亦同時正確教導市民，不能因害怕到醫院求診，而忽視其他身體的毛病。

面對 2003 年的「沙士」爆發，到 2019/20 年新型冠狀病毒的肆虐，醫護人員一般來說都是全力以赴，沒有因害怕感染而不診斷或照顧病人，這是值得慶賀及鼓舞。但我們亦必須反思醫護人員在不明朗及高風險疫情下的責任、義務及保障。何曉輝醫生提出醫護人員在疫情下的作業、專業、法律和道德倫理都需要考慮。甘啟文教授團隊的研究亦啟發我們，必須關注如何能夠為新一代醫護培養他們的道德能力。

資源分配是很難有一個良方妙藥去解決。資源醫學教育家楊紫芝教授、主管級醫生何曉輝醫生、陳惠明醫生、前線基層醫療醫生霍靖醫生、西班牙的 Dr. Carrascal，及生命倫理專家區結成醫生從不同角度去探討這問題，並提出要平衡多方面需求而作出決定。當中不乏運用科學數據、專業評估、集體智慧等方式去作一個艱辛的決定，理性地分配資源；希望用最大努力，作出比較公正、公義及合理的決定。

當我們處理一些突發醫療問題如「沙士」、新型冠狀病毒等疫症，很多時其他問題都會接踵而來，這些問題不一定被定義為「附帶傷害」，但絕對不可被忽視。我們不可以低估疫情對其他病人的影響：留醫病人無法與親友直接溝通；很多人（特別是長者及獨居人仕）與外界隔絕；很多日常活動，例如課堂、社交活動、家人相聚、公務交流都受到嚴重影響。除了窒礙社會發展及人際關係，同時亦為每個人帶來不同程度的「身、心、靈」影響。這些都是不可被忽視的「附帶傷害」，我們不應只着眼於經濟傷害。馬宣立醫生、歐陽嘉傑醫生、莫俊強醫生、宋秀嬋護士長及其他講者的講述，讓我們正視了新冠狀病毒所引起的附帶傷害。

疫情下的監察及隔離檢疫政策必會帶來社會爭議，平衡公共利益（Public Interest）及個人權利是一項非常具挑戰性的考量。黃偉傑

大律師分析了一些香港案例，鄭霆鋒醫生分享澳門的經驗，潘志明醫生亦討論了 Beauchamp 及 Childress 的四項原則（autonomy, beneficence, non-maleficence and justice）。如果平衡及凌駕需要高度智慧，可能我們應該引用道德第五原則——誠諾（Fidelity）。除了醫護對病人的誠諾，大家對社會的誠諾，我們是否單是從個人或個別需求而忽略整體人類的利益，譚傑志神父帶出最高倫理道德的價值，社會亦應從這方便去思考。

我們不妨探討台灣羅東聖母醫院馬漢光院長的分享，當年意大利神職人員協助台灣的醫療發展。靈醫會秉持神貧、貞潔、服務、仁愛的聖願，1952 年選擇在宜蘭羅東這個醫療極度缺乏的窮鄉僻壤，透過醫療傳播福音。2019 年由羅東聖母醫院發出求救信為意大利祈禱、募款，籌款 6 天突破 1.5 億。今天台灣協助意大利抗疫，真的實現了「吃人一口，還人一斗」的精神。我們每個人都應該就自己可以貢獻的能力，不分國籍及種族互相支援，以主愛世人的精神價值行事，這才是道德倫理的最高標準。

香港中文大學公共衛生及基層醫療學院臨床教授
香港中文大學健康教育及促進健康中心總監
香港天主教醫生會前會長
美國國家醫學研究院外籍院士
李大拔教授

參考文獻：
Beauchamp, T. L., & Childress, J. F (1989). Principles of biomedical ethics. Oxford, Great Britain: Oxford University Press.
Cottone, R. R., & Tarvydas, V M. (1998). Ethical and professional issues in counseling. Columbus, OH: Merrill.

序四 從營營役役生活抽身作反思

2020 年是非常的一年，一場沒有煙硝的戰爭在進行中，差不多全球均受影響，3,000 萬人受新冠病毒感染，死亡率將直迫 200 萬。疫情影響深遠，波及每一階層，特別是弱勢的基層。

一切經濟和社交活動都在停擺中。為了防疫，人與人之間要保持社交距離、要監察、隔離及檢疫。受監察／隔離的人失去自由，病者不可接受探訪，心靈上得不到支持，甚至在孤獨中死去。

天主祢在那裏？

為什麼會有這場疫病？

科學進步不是萬能的嗎？

這場疫病迫使每一個人停下來，在營營役役的生活中抽身出來去反思，去改變，去適應一些新常態。教區生命倫理委員會舉辦此研討會，集合了不同背景、地區的專家從醫療、法律、宗教和倫理層面去探討疫症在身心靈上的影響，賜盼此書能激發大家對此疫病的再思。

天主，祢是生命的主宰，求祢幫助我們緊守崗位各盡其職，互愛互助，讓我們早日脫離逆境。

香港天主教護士會會長
葉惠燕

前言 籌備委員會的話

親愛的讀者：

自 2003 年春天，沙士（SARS）病毒肆虐香江，在這場「沒有硝煙的戰爭」中，共有 299 人死亡，1,755 人染病。17 年後，新型冠狀病毒（COVID-19）疫情在香港爆發，到 2020 年 9 月初，已有 3,000 多人染病，差不多 100 人死亡。

這個疾病，不但對本港醫療系統做成巨大的壓力，也嚴重影響民生、經濟和市民的日常生活。放眼世界，各個國家都忙於應付這場「世紀大災難」。在經濟層面上，飲食業、旅遊業、航空公司等都首當其衝受到影響。在醫護界和學術界內，這個新興傳染病（New Emerging Infectious Disease）也引起極大的迴響和討論：

1.　在沒有全副防疫用具（Personal Protection Equipment，PPE）如面罩、眼罩和保護衣下，醫生和護士應否為病危人士插喉，或施行心肺復甦法，這牽涉到有關疫情下的醫療關顧（Duty of Care）。

2.　沒有足夠的醫療儀器，例如呼吸機去照顧所有病人時，醫護人員應該怎麼辦？這是有關醫護資源分配（Medical Resources Allocation）的問題。

3.　我們又應如何平衡感染新型冠狀病毒的病人和其他急症病人的權益呢？

4.　在公共衛生的防疫措施與人身自由的張力中，各人應如何自處？

有見及此，聖神修院神哲學院的生命倫理資源中心（Holy Spirit Seminary College of Theology and Philosophy Bioethics Resource

Centre）和明愛專上學院健康科學院（School of Health Sciences, Caritas Institute of Higher Education），聯合舉辦了一個為期兩天的生命倫理研討會，邀請了來自內地、澳門、台灣、西班牙、加拿大、意大利和本地的專家學者，共同研究和深入討論這些重要的課題。

在明報出版社的支持下，我們能將研討會的探討內容輯錄成書。冀望此書的出版，能引起社會各界人士和醫護人員的熱烈討論。此外我們更會印刷一套教案，以供中學生教學之參考。

如有任何意見或提問，歡迎與我們聯絡。

順祝身體安康、主愛日隆！

第七屆天主教生命倫理研討會籌備委員會
呂志文神父
阮嘉毅醫生
陳磊石教授
甘啟文教授
馮慕至博士
丁詩妮醫生（Dr. Helen Tinsley）

在疫情下作
生命保護人和僕人

我在 8 月中書寫「維護生命日」文告時，全球感染 2019 冠狀病的患者已高達 2,350 萬人、奪去逾 81 萬人的生命。想不到事隔一個月，被感染人數更高達 3,440 多萬人，奪去逾 100 多萬人的生命[1]。這新疫症的威脅，不但傷害了人的身體，亦引發了很多新的倫理問題，如疫情下的醫療關顧、醫護資源分配、個人自由與整個社會共同福祉之間的張力等。我們真的需要睿智去面對。我們必須要有清晰的思路，了解具體情況的客觀因素，衡量善惡後，並採取有益的相應行動。

相信教區生命倫理小組、生命倫理資源中心及明愛專上學院──健康科學院，也是基於這點而籌辦了這次研討會。這的確有其必要性。疫症期間社會上充斥着很多訊息，有數據顯示，有關疫情等資訊，高峰期平均每分鐘出現 3.5 篇相關的新聞或發帖[2]。可惜的是，當中夾雜着很多虛假陳述，這增加了我們需要分辨真假的困擾。我們都知道，人的良知需要有真實的訊息，才能作出正確的判斷。今天蒞臨為我們講解的各位專家，正正能夠加深我們對這疫症的認知。透過他們的經驗分享、分析及反省，更有助我們日後作出明智的選擇。

此外，疫情亦改變了我們慣常的工作、學習模式，斷絕了我們的聖事、禮儀、社交活動等。害怕染病，更加深了人與人之間的隔膜。疫情使很多人與人之間的相處「虛擬化」，正如現在很多參加者也身不在此。教宗方濟各提醒我們運用「虛擬空間」的同時也要緊記：「真正的關係是需要忍耐、臨在和愛去建立。」我們要重新發現細微行為的重要性，一個愛的慰問、一個「虛擬」擁抱、一個致電等細微行為，足以改變我們與家人、朋友、同事及病人的關係，或能藉此打開溝通的途徑。教宗堅信：「一個不受柵欄、邊界、文化和政治差異阻擋的病毒，必須用一種沒有柵欄、邊界和差異的愛來面對。」

最後，疫情亦令我們變得謹慎。我們很小心保護自己，戴面罩、勤洗手、量體溫，但這些措施都只是防範了身體的威脅。疫症也威脅着很多人的心神，它使人心裏害怕，疑神疑鬼、感到孤單困迫。我們又有沒有為我們的心靈做點防範措施呢？我們有沒有好好保護我們的靈魂呢？在這困惑、恐懼、沮喪的時候，我們有沒有失去希望、失去對天主的信靠呢？我們要時刻警醒謹慎，防範可吞食我們的魔鬼（伯前5:8）。

聖若望保祿二世在《生命的福音》通諭中曾提到「醫護工作人員有特殊的責任，這些人包括醫生、藥劑師、護士、駐院司鐸、男女修道者、行政人員、志願工作者等人。他們的專業，要求他們做人類生命的保護人和僕人。」《生命的福音》#89 要在疫情下做好生命的保護人和僕人，我們不但需要保護個人外在的健康，更需要保護內在的健康。因為這內在的平安與整全，使我們有更大的能耐去關愛，與人建立有愛的關係，去作生命保護人和僕人。要保護生命，我們也需要對疫症有一定的理解，好能在困惑時，讓良知作出合宜的選擇，我相信這研討會就是這樣的一個「裝備所」。就讓我們彼此共勉，懷着希望，在天主的陪同下，繼續向前走，因為唯有我們齊心協力地工作，我們才能戰勝疫症，治癒世界。

天主教香港教區宗座署理

湯漢樞機

1　https://www.who.int/emergencies/diseases/novel-coronavirus-2019

2　李鴻彥：〈武漢肺炎引發資訊海嘯　每分鐘 3.5 則新聞發帖造就假新聞　大數據顯示最早或 10 月已傳入香港〉，《眾新聞》，2020 年 1 月 22 日，網站：https://www.hkcnews.com/article/26292/ 武漢肺炎 - 大數據 big_data-26292/ 武漢肺炎引發資訊海嘯 - 每分鐘 35 則新聞發帖造就假新聞 - 大數據顯示最早或 10 月已傳入香港（最後參閱日期：2020 年 11 月 15 日）。

目錄

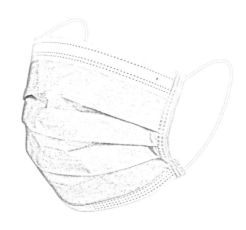

疫情下的醫療關顧

一個家庭醫生對 2019 冠狀病毒病的看法

香港醫學會會長
蔡堅醫生

　　2019 年年底，我們接獲通報，在湖北省武漢市出現了病毒性肺炎病例的羣組個案。2020 年 2 月 11 日，國際病毒分類委員會宣布將此新病毒命名為「嚴重急性呼吸綜合徵冠狀病毒 2（SARS-CoV-2）」。同日，世衛組織根據此前與世界動物衛生組織（國際獸疫局）和聯合國糧食及農業組織（糧農組織）共同製定的命名準則，宣布這一新疾病的名稱為「2019 冠狀病毒病」。3 月 11 日世衛組織宣布新型冠狀病毒爆發為「大流行」。

　　直至 2020 年 10 月 3 日，全球感染 2019 冠狀病的患者高達 3,440 多萬人，奪去逾 100 多萬人的生命[1]。香港有超過 5,000 宗確診及疑似個案，累積死亡人數亦超過 100 人。這冠狀病毒病的最常見病徵包括發燒、乏力、乾咳及呼吸困難。其他病徵包括鼻塞、頭痛、結膜炎、喉嚨痛、腹瀉、喪失味覺或嗅覺、皮疹或手指或腳趾變色。有些受感染者只有很輕微或不明顯的症狀。[2]

關於檢測方法

對於此種病毒的檢測，胸肺 X 光檢查（XR Chest）並沒有效用，電腦掃描（CT）有 20% 呈陰性。最好確認是否感染 2019 冠狀病毒病的方法是核酸檢驗（Real-time Reverse Transcriptase–Polymerase Chain Reaction，rRT-PCR），拭子可採集上呼吸道檢體與鼻咽拭子（Nasopharyngeal Swab），也可以使用以下檢體替代，包括口咽拭子。檢測的靈敏度由 60% 至 95% 以上。若使用中國套件，費用大約為 50 至 300 元，若在私家醫院或實驗室使用國外套件收費則為 2,000 元左右。

深喉唾液測試是指採集深喉唾液樣本作核酸檢測，輕微症狀或無病症人士自行採集樣本，交到指定政府門診／私家診所收集點，進行 2019 冠狀病毒檢測。鼻咽拭子及咽喉拭子測試則需由醫護人員穿上保護裝備進行，不適合自行採集檢測樣本。

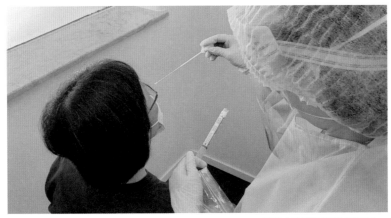

醫護人員採集鼻咽拭子樣本。
（寶血醫院（明愛）提供圖片）

普及社區檢測計劃

　　政府先前建議 8 月 12 日傍晚起在私家診所進行這個計劃。但我通知政府官員大部分診所都沒有窗戶，而通風系統是由領展控制。8 月 15 日確定抽取樣本在露天空間進行，政府會安排合適的位置進行。我們曾在伊利沙伯體育館再次開會討論，教人如何做檢測。接着就在 9 月 1 日開始，連續做了兩個星期。之前衛生局曾說，私家醫生在私家診所進行檢測，只需要佩戴外科口罩和手套就已經足夠。但是我們問，為什麼在醫管局裏進行則要全副武裝去防範感染，而私家醫生只需要手套及外科口罩呢？在討論一番之後，衛生局決定也提供差不多的裝備給私家醫生，分別在於第一，不是做一個換一個；第二，外衣並不是手術室的防範裝備，而只是防水衣物，用來阻隔來檢測的人嘔出來或噴出來的液體弄髒衣服。

　　最後有接近 150 個中心參與檢測，但到第二個星期末段卻只剩下 50 個。這次普及社區檢測總共有 178 萬名市民參加檢測，接近 24% 人口，費用是 5 億多港元，診斷出 32 個新症，相等於參與的 178 萬人中的 0.02%。在確診的病患者中，只有 13 人沒有明顯病徵，其他都有病徵。其實容許有病徵的患病者參與檢測，已經牽涉道德爭議。因為推廣細則已列明，只容許沒有病徵的人參與，這是為降低抽取樣本人員感染的風險。容許有咳嗽、發燒等病徵、之前曾經看過醫生，或家中有人感染的人去參

與檢測，可能會將病毒傳播給其他正在輪候檢測，或負責做檢測工作的人。如果日後要再次進行檢測，應該要小心防止這類情況再次發生。

綜合這次普及社區檢測的結果，每一宗陽性個案耗費 1,600 萬元，我們要考慮究竟是否值得浪費這筆金錢呢？在這次疫情緩和時，有什麼急切性需要去做全民檢測呢？這筆撥款可否用在更好的地方，或是幫助失業的人？這些問題都是政府應該檢討的。世衛組織突發衛生事件規劃執行主任瑞安（Mike Ryan）就曾指出進行廣泛的人羣檢測是「成本高昂且不切實際」，但我們依然照樣做了。

事後我們知道這次檢測的最大開支，是在聘請人手方面。我們有近 150 個小隊，每一個小隊有一個隊長、7 個副隊長及 10 個隊員。隊員大多數是護士學生、牙科學生、牙科護士學生、急救員、紅十字會人員、救護員等等。我也有參加採樣，發覺他們做得十分純熟，每個參與者在接受了 3 小時的訓練後都變得非常「熟手」，他們亦會跟足一切防疫指引。若然日後有需要，政府可考慮再次聘請這個團隊的人員作採樣。政府日後應該在一些高危的地方、區份進行測試；例如慈雲山有社區爆發的迹象，政府就應直接在慈雲山做採樣，而非在全港進行。瑞安（Mike Ryan）已明確指出：「我們應專注測試合適的人，我們要提高測試的質量和所需的速度。」

我們現在很清楚知道要預防感染冠狀病毒，我們必須跟從一些防護的黃金標準：佩戴外科口罩、勤洗手、與他人保持適當的社交距離、量度體溫、留在家中、當出現呼吸道感染病徵應盡早向醫生求診。這些措施的確能幫助我們預防身體染病，但疫情下要關顧的，又何止身體呢？讓我以一些病例來引發大家的反思與討論：

個案一：一位電視台監製

　　這位電視台監製在受感染前工作順利，曾與著名旅遊節目主持人一起到日本拍攝節目，但確診後卻被電視台解僱。媽媽的去世對他也有一定的打擊。他之前一直有看私家精神科醫生，但因失去了工作，生計受到影響，無法負擔診金，他便到我們這裏求診，我們也沒有收他的費用。他也接了內地的電視稿來寫，但有時候收不到薪酬。他亦曾到麥當勞上班，但因手腳不利索，結果被解僱。最後他差不多要露宿街頭。這些由天堂跌進地獄的案例並不少見，最終也要公立醫院直接介入，才可得到進一步的醫療和社會福利署的支援。疫情的確令不少人陷入經濟窘境，飽受精神折磨，進而情緒低落。

個案二：我的姪女

　　很不幸，我的姪女亦感染了新冠狀病毒。她去了加拿大溫

哥華滑雪，在那裏感染了新冠狀病毒。回到香港，在醫院接受治療及隔離。雖然她的父母和未婚夫都很疼錫她，但在醫院的幾個星期都不能與其他人接觸，她亦只能單靠手機與他們見面聊天。在疫症期間，被隔離的病患者所面對的壓力、孤獨感及精神上的困擾會否惡化，形成創傷後壓力症、抑鬱症等情緒疾病呢？

談到心理及情緒方面，我也有這樣的經驗。在這段期間，很多年輕的市民因皮膚問題而來到診所找我看診。每天連續十多小時佩戴口罩，很容易令皮膚敏感、滋生暗瘡，這都會影響患者的情緒，使他們心情低落。這些問題很需要醫生的幫助、解釋和處理，否則會演化成抑鬱或自我形象低落。

我們必須跟進這些病人及康復者的精神健康。在疫症期間，我們是不是只集中照顧病者「身體」上的健康，而忽略了他們的「精神」健康？政府又有沒有足夠人手去照顧這些病人？這些都值得我們三思。

個案三：一位 70 多歲長者

當這位 70 多歲的長者來到我的診所求醫時，他有發燒和咳嗽的症狀，體溫 38 度，肺部有雜聲。我便安排他做深喉唾液檢查，並開了抗生素給他。根據衛生處的指引，任何人如果接觸病人多於 15 分鐘，便是一個高危接觸者。如果病人的測試呈陽

性，所有高危接觸者便要自我閉關 14 日。所以我們診所的護士和工作人員都很小心，計着時間，15 分鐘後一定要病人離開。否則坐近病人的求診者、醫生及護士，亦全部需要隔離。3 日後我們才接到這位長者的檢驗報告，他的檢測呈陽性反應，病人亦已經入住醫院。

這個個案引發一個問題，如果我們不夠果斷，要求病人立刻作檢測，而讓病人回家，他很可能會感染他的家人。另一方面，我們也要考慮化驗所是否有足夠的人力資源，去應付這麼大量的檢測工作。如果提供不到有效率及準確的檢測，我們是不是要請求外援？

個案四：一位 65 歲女士

這位女士來求診時，有肚瀉和 38 度發燒的症狀，卻沒有咳嗽，肺部亦沒有雜聲，呼吸聽起來也相當順暢。雖然如此，冠狀病毒其中一個病徵是肚瀉，研究亦證實腸道感染很常見。這位女病人接受了深喉唾液檢測，對新型冠狀病毒呈陽性反應。雖然這位女士的腹瀉停止了，她依然要入院接受治療。對於一些其他、輕微或不明顯的病徵，醫護人員又有沒有足夠的警覺性去分辨呢？

這位 75 歲的長者有慢性腎病，蛋白尿導致他全身水腫和腹部積水。雖然他以往一直在醫管局接受治療，但最近他拒絕到醫管局求診，主要原因是醫管局不讓他的家人探病，而他在病床上亦被綁手綁腳。最後他轉往私家醫院接受治療。雖然院方每天都安排給他輸蛋白，但他的情況最終也轉差，要被送到深切治療部。他直接和公立醫院深切治療部的主管聯絡，安排救護車把他送到深切治療部。我也與深切治療部的顧問醫生取得協調，他每天都會致電給我，讓我了解這位長者的病情進展，好使我能將之轉告其家人。深切治療部的顧問醫生亦安排了一段短短的探病時間，讓那位長者可以見見家人。雖然他最後在做了血液透析後死亡，但他的家人卻非感激院方的安排。透過這個案例我們可以看到，倘若醫護與病人有多一點接觸，多一點溝通，令病人及其家屬了解病人情況，及明白多一點醫護在做什麼，這樣也必能緩解病人及其家屬心中的鬱結。

私家醫院的自保

私家醫院絕對不會醫治新冠狀病毒，確診者會被轉到公立醫院。每個病人在入住私家醫院前 3 天已經進行深喉唾液測試，防止新冠狀病毒病人進入醫院。病者的家人或女傭若希望留在醫院照顧服侍病人，亦需要每個星期接受新冠狀病毒的檢測。

如果其中一個病房有病人對病毒呈陽性反應，整個病房的病人都需要接受檢測。其中一個假陽性案例，就令病房裏的數十人要花費 1,000 多元進行檢測。醫院是否過度緊張？這也很難説。我們應從倫理學的角度去分析醫院保障自己的做法，及私家醫院在疫情中有否履行它的責任，做它應該做的事。

疫情下對長者的關顧

在疫情的影響下，很多獨居長者因擔心受感染而不敢外出，最嚴重的有 9 個月沒有出門半步。為了防範擴散，並減低感染的風險，醫護人員呼籲及鼓勵人們留在家中，是無可厚非的做法。但若果連續數個月都留在家裏不外出，又不做運動，連跟鄰居打招呼也誠惶誠恐，這對獨居長者必定有深遠的影響。這樣的安排會加速他們的退化，導致他們發呆、瘦弱、腿部肌肉萎縮，走路也走不好。有些人更會衍生出強迫症，不敢見人、不敢和別人握手、不敢和別人説話。

此外，在安老院有許多患有慢性疾病的病人，私家醫院和政府醫院亦有許多慢性疾病和嚴重疾病的長者。他們很多都有宗教信仰，因怕羣聚感染或行動不便，所以未能前往聖堂、教會、宗教場所等地參加彌撒、崇拜等。過去有不少義工及宗教人士到來探望這些長者，但自從疫症爆發，這些探訪的次數似乎減少或被取消了。雖然沒有確鑿的數據，但在這段期間，我在私家醫院

亦沒有再遇上這種探訪。個人的經驗告訴我，若未能為病人施行病人傅油及聖體聖事，或未能為希望領洗的臨終病人施洗，這是非常可惜的；因為我自己的父母也是在臨終前找神父幫他們洗禮及作最後的儀式。[3]

最後，我們必須談論一下私家醫生探訪安老院的安排。在我們最近的一次記者招待會上，我們曾提出這個關注。我們關心探訪安老院的醫生有沒有足夠的保護衣物、有沒有更衣的地方、有沒有一個安全的地方去見病人或長者。探訪安老院的醫生一般都比較年邁，他們通常會探訪 10 間或以上的安老院，平均一個星期會作一次探訪。我們憂慮在沒有合宜的安排下，醫生會不自覺地將病毒從一間安老院帶到其他的安老院。可惜當局對我們的意見一直沒有理會，直到那個 78 歲的男醫生確診，當局才開始關注。這位醫生在潛伏期及傳播期內，曾到至少 10 所安老院舍看診。

當我們討論疫情下的關顧，我們很多時會集中在照顧或治療確診者身體上的需要。但從上述的案例，我們看到，現時的措施或安排並未能照顧到感染者其他方面的需要；如情緒、工作、社交、心理及信仰。很多類型的情緒病和精神問題在這個瘟疫下也出現了，無論老或幼都要留在家中抗疫，很多人要留在家中工作，亦有很多人因這疫情而被解僱，信仰的渴求亦未能表達。這種足不出戶的措施，很容易使人患上抑鬱症、驚恐症、焦慮症等

精神病。這些通常都需要藥物及專業治療，因為心理治療需要更多時間、更多人手，在目前的情況下，我們又是否做得到呢？當局又有沒有為這方面的關顧作籌謀呢？

—— 備註

1　https://www.who.int/emergencies/diseases/novel-coronavirus-2019
2　2019 冠狀病毒病，香港特別行政區衛生署衛生防護中心，網站：https://www.chp.gov.hk/tc/healthtopics/content/24/102466.html（最後參閱日期：2020 年 10 月 3 日）
3　〈78 歲確診醫生曾到十安老院應診〉，《星島日報》，2020 年 8 月 11 日，網站：https://std.stheadline.com/daily/article/2263548（最後參閱日期：2020 年 10 月 3 日）

護理學生對沙士
醫療倫理態度研究

香港中文大學何鴻燊防治傳染病研究中心
名譽臨床副教授
甘啟文教授

在 2018 年底，我們在明愛專上學院（CIHE）做了關於護理學生對沙士態度的研究。當時新冠疫情（COVID-19）還沒有爆發，原本構思是 2017 年的時候做這個研究，而當時只是基於 2003 年沙士（SARS）15 年之後，經歷半代人之後去做的研究。

疫情現況

世衛組織地區（WHO）
確診感染 2019 新型冠狀病毒病的個案數目

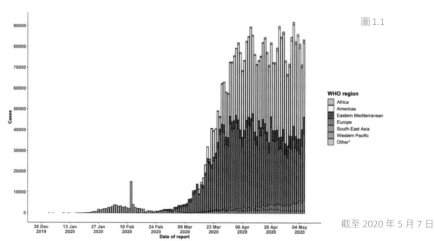

圖 1.1

截至 2020 年 5 月 7 日

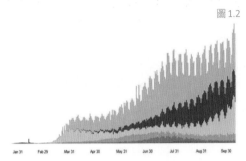

圖 1.2

Americas	17,794,771 confirmed
South-East Asia	7,911,036
Europe	6,918,265 confirmed
Eastern Mediterranean	2,605,478 confirmed
Africa	1,227,719 confirmed
Western Pacific	651,841 confirmed

Source: World Health Organization
Data may be incomplete for the current day or week.

截至 2020 年 9 月 14 日

據 2020 年 9 月 14 日已確診感染新冠病毒個案的數字,從圖 1.2[1] 可見較嚴重的地區主要是美洲和東南亞,亞洲則以印度的疫情最為嚴重。我們能夠看見當香港的確診個案好像在回落的時候,但國際的數字是在上升的。當我們在香港能看到單位數字的確診個案時,在其他國家其實仍然非常嚴重,3,000 萬人中有百萬人死亡。圖 2.1[2] 是我們香港的情況,曾有兩大波的疫情,第一次是由外面輸入的個案,第二次是本土個案的傳播。圖 2.1 亦顯示個案源頭,我們能夠看見第一波疫情主要是外來個案導致本土傳播。在 6 月底 7 月初、端午節父親節的那段時間大家都出門,導致當時有大型的爆發。

香港確診及懷疑感染 2019 新型冠狀病毒病個案數目
截至 2020 年 11 月 15 日共 5459 宗　　圖 2.1

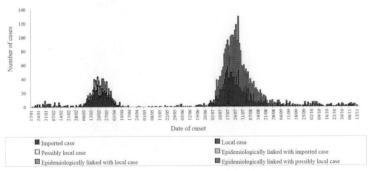

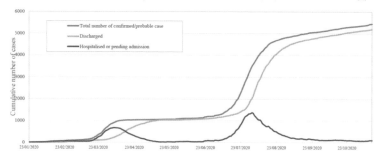

累計確診 / 懷疑個案的住院治療情況　　　圖 2.2

　　我個人認為，疫情其實會讓我們謙卑一點，自己想的不一定是正確。可能因為 2003 年沙士時候的經歷，會讓我們覺得這次疫情兩三個月就會完結。有些人問我，今次疫情什麼時候會消除呢？我答不會的，有疫苗也未必能全部消除。我們不能以自己想的東西就當是正確，你喜歡的東西不一定是會發生的。我們希望有藥，未必有藥；我們希望有疫苗，未必有疫苗。我們需要回到認清我們想的東西，人能夠做的事有限。

研究目標

　　回到我們的研究，已在護理倫理雜誌 *Nursing Ethics* 刊載，詳文可從網上下載。[3] 這篇研究的作者包括呂神父、阮醫生、Prof. Eric Chan、Prof. Albert Lee、我自己和中文大學的一些同事。研究背景是沙士 15 年之後，當時跟阮醫生說不如做一次簡單的問卷調查，估量一下經歷半代人之後醫療倫理的想法有沒有轉變。調查涉及 3 個道德領域，分別是醫療關顧的責任（Duty of Care）、資源分配（Resource Allocation）及附帶傷害

（Collateral Damage）。

當時調查獲 102 位護理學生回應，絕大多數受訪者（96.1%）不同意在缺乏防護設備（即 N95 口罩和保護衣）情況下，為沙士患者進行氣管插管。在 2003 年沙士的時候，保護衣是極為缺乏的，所以就有這個問題出現。調查亦有超過四分之三的受訪者（77.5%）指出沙士患者應進入深切治療病房，這也是另一個問題──ICU（深切治療部）有什麼設備？能夠如何減低感染？另外，就是關於懷孕醫護人員感染沙士的風險，是相對較高的。此外，究竟沙士或現在的新冠肺炎病人是否應該有一個獨立的地方去照顧呢？

我現在簡單介紹 2003 年的狀況，當年全球有 8,000 多宗案例，死了 900 多人，死亡率是 10%。香港就有 1,755 人被感染，299 人死亡，當中包括 8 名醫護人員。當時那個死亡率其實有點高，我們比較一下流感的死亡率大概是百分之零點幾至零點零幾。相對來說，死亡率那麼高的話，當時的人以為這次新冠肺炎的情況會一樣，但不是的。我們現在知道新冠狀病毒的死亡率是 2% 至 3%，相對沒有 10% 那麼高。

當時我們從公立醫院深切治療部知道的第一個病人是從廣州來的，追蹤到他在九龍某一所酒店。有一個詞叫超級傳播者（Super Spreader），他是一個人可以傳染到很多人，10 個 20 個

甚至幾十個。超級傳播者這個詞語現在的疫情當中也很常用，也令很多人很關注誰是超級傳播者。當時有一個兒科醫生和一名耳鼻喉外科醫生被感染，因此離世。當時一些所謂隱形病者（Silent Carrier）於出現過以後，令我們這次新冠肺炎的疫情之下也會考慮到這些隱形病者到底對我們的影響有多大。現在有人說隱形病者佔 20%，又有人說 50%，取決於你查哪個人口。

另一部分就是病毒能夠將我們的免疫能力減低。這意味着不但是發燒、傷風、咳嗽、感冒那樣，而是令我們的大腦、肝、腎功能、血管，及其他的身體部分也受影響。病人有很多時候提供不了接觸的病歷，過去 14 天接觸過什麼人大多數人都不會記得的，尤其疫情前大部分人都周圍走，所以要知道完全接觸史是相當困難的。

沙士曾在社區爆發，在淘大花園涉事住宅樓宇被整幢隔離。當時的撤離都相當費周章，沒有法例，只能利用《檢疫及防疫條例》第 141 章（Cap.141），而沙士之後才加上第 599 章（Cap.599）。當時在法律上操作是有很大問題的。後來因為沙士，各方面的法律才會有比較好安排。到這次新冠肺炎，這些問題又再次浮現，有一部分是另外的一些新問題，我們都希望可以就着這些新的情況而考慮問題應該怎麼解決。當時香港的疫情導致 37 個國家隨後爆發，包括新加坡和多倫多。當時的旅遊、交通實在沒有現在那麼多，傳播就沒有我們現在那麼快那麼厲害。

醫護責任

我現在講一講什麼是護理責任，因為當時是在講護士，在大會裏我們就是說醫療責任。就是說我們做醫療的有什麼責任、有什麼 duties。大家看一看基本理念，很多地方也有，不只是醫療。你走在公眾地方，比如說你現在進入私人地方，每一個人都會有個法律限定的範圍或定義存在。在執行上，要有預見傷害別人的義務（Obligation），這在侵權法（Tort Law）裏有說，普通法有這個法律定義的。如果違反了，法律規定你需要負擔責任。

護理義務就是所謂直接的關係，和定義上有聯繫的個人之間，通過法律的操作來施加，也是個人對社會內部他人承擔的隱性責任。即是說不僅是我們自己，而是對其他人，在這個社會裏我們自己本身有什麼責任。但發展出護理的義務，並不必以法理學來定義義務。法律上可以幫助我們了解民間專業操作。在普通法下有一些案例參考，如一些嚴重的後果、產品責任（Product Liability）的時候都要另外去考慮。這也是工業革命之後不同的消費社會，人與人之間的責任。

資源分配

第二部分就是資源分配，這個題目很大，不但是醫療。如果我們叫醫生們只戴一個口罩，但醫管局的就所有人都全副裝

備，這樣是所謂的對等嗎？只是資源分配的問題嗎？還是有其他考慮？資源何時都是有限的。香港可能是有一萬億或者幾萬億的儲備，但都是有限的。在有限的資源之下，不能無限的使用——有些人認為資源是無限的。分配的平台也很重要，讓人知道我們分配資源是公平公正有透明度的。經濟學上大家知道是有營銷與策劃等的字眼，資源分配已經是操作上、市場上的考慮。尤其是項目管理，或者其他事項，不單是錢和人，也有時間的問題。

資源分配方面，懷孕醫護人員是否應該有優先（Priority），回應是有差別的。大部分的女學生回答「是」，而較少男學生回答「是」，這可能反映了性別的差別。男士可能不知道懷孕的人員有什麼風險，對懷孕員工的關顧比較缺乏。另外就是知識方面，對感染控制和傳染、專業的知識會比較缺乏。這次疫情之下，我想人們會有興趣究竟這個病毒是什麼來的呢？和沙士又有什麼不同呢？我們又會覺得，以前沙士病毒放一會就會死掉，但現在這種新冠病毒就有一些不同，更多考慮是它生存時間比較長，我們不能照搬沙士的理念過來。傳染性也有不同，是存在差別，所以是個大問題。另外，新冠病毒有關連的一些其他病毒株是不會有肺炎，只停留在上呼吸道，造成傷風、咳、感冒，對人類沒有這麼大破壞力。現在還有基因轉變這個情況，所以我們如果照搬以前的做法過來，就很難適應到新的情況。

附帶傷害

　　然後就是問護理系學生有關附帶傷害，大概有超過四分之三同意應該收治沙士患者接受深切治療護理，而 22.5% 的護理系學生則不同意。有 96 位護理系學生則認為應該為沙士患者單獨提供深切治療護理病房。這反映到一部分的學生本身對深切治療護理的概念不太清楚，也不知道 ICU 有什麼隔離措施，怎樣做感染控制等。

　　附帶傷害，這詞語我個人不是太喜歡「附帶」兩個字，好像是說在旁邊不關我事的意思。其實「附帶傷害」是指打仗的時候不是只打別人的軍隊，也可能錯殺平民，那麼這就是附帶傷害，疫情之下也有的。可能起源於越南戰爭期間，人們想逃避責任，但對傷者或死者來說就不是附帶的後果，他就是傷了死了。附帶傷害可以是任何死亡、傷害或其他損害。有些人覺得這個詞是很非人性化，因為附帶傷害是想逃避責任的意思。這也有旨在恐嚇的意味，軍隊炸了平民區，平民怕了就逃跑了，不再支援那個地方，所以是用來作為宣傳的手段。那麼不同的國家和不同層次的設備也有發生的，那這個情況可以了解。

世代的差異

　　再說我們的研究，我做這個問卷調查的時候，有好幾條問

題，問一些護士學生。他們有一個特點，很多人都沒有經歷過沙士。我們經歷過沙士的有很多經歷，新一代未必有，他們可能剛剛出生。他們的想法會不會受一些社會價值影響，例如個人主義？當時我們接觸了 102 個學生，當中包括 27 位男性及 75 位女性，大部分是 20 多歲。第一題關於護理責任的題目，96.1%（98/102）的參加者表示如果沒有保護裝備（即 N95 口罩和保護衣），他們不會答應為沙士患者進行氣管插管，只有 4 位參加者（3.9%）同意進行氣管插管。

接着我們分析了年齡的分佈，年紀大小是有分別的。高年級和低年級同學是有分別的，年齡較大的看得多點，反映了學生本身的背景在不同情況下成長。我發現，新一代的醫療專業這個現象不但在香港，在不同的國家也有報道，我們這一代需要想一想。有些人說他們不喜歡犧牲自己，自我膨脹。有些負面的，也有些正面的。第一，對於資訊科技他們很快學會；第二，是在不同的環境下工作適應力很強，因為現今社會轉變很快。我們這一代人比較保守，只知道保留以往做法，做開就一直這樣做，可能我們不會去想，以前的那一套現在可能已經不適合，要改變或是用新的方法了。我們那一代人較常會說，我們就這樣工作了 50年、70 年，都是這樣做的，而新一代的人就比較能接受新的做法。

我們做了這個問卷調查之後，看到了這個差別，希望能夠

在這次疫情之後研究一下，倫理思考方面學生和專業人士有什麼轉變。當時沙士期間出現了沙士英雄，又會說有些人因為自己的時間和生命拿了出來，產生了英雄的概念。我自己覺得有好有不好，好像把這些人放上了神台，但有一個不好處是脫離了現實，這個世界不能每個人都是英雄，很多人都是平凡的，我們能做的就是生活上做的東西。

總結一下，我們調查了醫護責任、資源分配和附帶傷害。其實是不能涵蓋每一個範疇，因為很多時候是有點重複的。那麼這三方面，我們希望能夠在這次會議當中研究我們到底需要什麼。當時我們做調查的對象數目不是太多，所以會有限制。但是可見，新一代人能夠在高壓力情況下，有動力繼續工作。此外還有工作流動性和橫向職位移動，這是新一代人會面對的事情。比如說我做公務員做了 30 年，我們這一代人可以做一份工作做很長，但新一代人就會有很多橫向的職位移動（Career Moves），很習慣這些東西。我們需要想一下，工作流動性和橫向職位移動對於年輕人的意識上、思想上的東西影響有多大。

另外，就是人員配置方式（Staffing Pattern）和工作條件（Working Conditions），我們在問卷調查裏沒有提到的是人員配置和工作條件。人們的態度也很受這兩個條件影響，譬如說我做一個工作，我做到很辛苦，為什麼隔壁的那個沒有事做的呢？那麼人的理念就會說，好像不公平啊，為什麼只有我一個人做，沒

有其他人做。其實這是很常出現的。第二就是條件，有些人的工作條件很差，譬如說我們做實驗室（Lab）化驗，有些是很擠逼的，沒有安全櫃，沒有基本生物安全，沒有這些東西的情況下，你要怎麼工作呢？能夠工作嗎？怎麼做呢？其實是每一個情況都需要考慮。有人就說你掙多點回來就可以，我覺得更加需要做的是教育，教他們懂得怎樣保護自己，及利用有限的資源做事是更加重要的。

我記得有一次去日本，他們的一個細菌學家有一間聚合酶連鎖反應（PCR）測試房間，房間很小，像 3 至 4 張椅子那麼大，他能夠在這小房間裏做完所有 PCR 的工作，每一個步驟都在同一個地方做好，通常是分開在 3 個很大的房間去做。那為什麼他能在一個小地方全做好呢？就是因為他本身手腳乾淨，每一次做完都會洗手，並確保到另一張桌子工作的時候，都知道自己在做什麼，也懂得保護自己和標本。所以如果你能夠認真的，知道自己在做什麼的話，每一步都可以做得很好，不需要分開 3 間、4 間房間來做事。你做得不好的話，就會從一間房間污染另一間，所以在有限的時間來看，很多時候實踐（Practice）是來自心理（Mentality），你受過的教育和背景令到你工作的 practice 會不一樣。我們現在很多時候只看硬件（Hardware），有沒有分開的房間、有沒有空調、多少個換氣量（Air Change），這就可以了。你處理好 Air Change 和個人防護裝備（PPE）我就會受到保護了。但不會的，更加重要的是你知

不知道你在做什麼，你不懂得穿和脫個人防護裝備，弄到周圍都是，是沒有意思的，亦會污染周圍。意識是很重要的。很多時候我們看的不只是硬件，更要看人的實踐、練習，你想的東西是如何做的，對我來說這是更加重要。

尤其是醫護，有很多實際上要照顧的人，譬如是家人、老人院、特殊病人。在這些情況下如何能夠培養他們道德的能力，還有怎麼在每一個情況，如在 ICU、老人院、其他病房裏，他都能夠發揮這個能力出來，我們需要想一想的教育和培養一個人的過程。總體來說，整個教育方面都需要檢視一下在教育程序上的問題。有些地方是需要再改善和補充的。那麼在這個部分我們在文章裏再說。這裏就是說專業的部分，負責專業教育課程設計的同事能夠注意。

新冠肺炎與流感比較

我在這裏也介紹另外一篇刊在《新英格蘭醫學雜誌》（NEJM）的文章[4]，該文說，資源缺乏的時候，我們應該如何分配資源。這篇文章所說的不是在香港，而是在英國和美國所謂發達國家裏亦有這個問題，如果有興趣的大家可以去網上下載。文章裏面就說，今次新冠肺炎在大流行之後對美國潛在的影響。就是與流感相比的影響，人很多時候就是這樣，沒有比較就不知道你在說什麼。中度流感有大概 6,400 萬人左右，而中度新冠肺炎

的病人就達 1,600 萬人，大概是四分之一左右。但如果是計那個死亡率的話，流感是 4.8 萬人，而新冠肺炎是 8 萬人，即是他估計差不多兩倍，但流感是有疫苗可以打的，有些人就說流感不用看，打針就行了。流感的傳播我們都大致知道，什麼時候來，什麼時候走，香港有兩季（Season），我們都知道。但新冠肺炎我們不知道，大家都在估，這次只計中度新冠肺炎病人的死亡率可能超出一倍。如果計「嚴重」病人的話就 3 至 4 倍，肺炎的部分太多，加上來的話是 4 至 8 倍之間的。

非功利主義的觀點

那我們說回醫療資源分配，該文章作者提出了幾個指導原則（Guiding Principles），對醫療資源分配的倫理價值我們需要有什麼考慮。這個不是從天主教的角度，而是從普通醫療的資源價值分配的角度去想。其中之一是有 6 個建議，我讓大家知道首 2 至 3 個。第一是要延長治療後的壽命，即是康復後能有更長的壽命，不但是在患病的時候照顧他，治療後也要有較好和有意義的生命。他就在說功利主義（Utilitarianism），還有一個是叫非功利主義（Non-Utilitarianism）的觀點，即是不能只看有沒有用、可不可以賺錢，不可只用功利主義去看。

他第二個建議是怎麼分配 ICU 床位、前線員工和其他的東西，是醫護者應該有這個優先（Priority）。第三個就是平等

（Equality），他提到隨機分配（Random Allocation），即是說在不能夠決定的時候就抽籤。我對此有保留，因這有時候會令到人不去想究竟哪些人需要哪些東西，只用抽籤就算。未去到抽籤之前，資源分配其實可以用另一些方法合理化。如果只是靠抽籤的話，有些人的矛盾並沒有解決，一些人會想，沒有最公平的方法就這樣做吧。但在我來説，如果你單靠抽籤的話，隨機分配未必是一個很好的方法。有其他的建議大家再去看。

這次會議我覺得是很適合的時間，香港疫情好像在降溫了，但隨時會反彈。大家如果太高興出去玩，就隨時會反彈。我自己希望說的是利用這個時間，能透氣的時候透透氣，我們能看見其他地方疫情仍然很嚴重。所以我們希望有個平台，大家去想一想，究竟我們怎樣繼續前進。

—— 致謝
香港中文大學醫學院李嘉誠健康科學研究所的技術支援

—— 參考資料

1　Coronavirus disease (COVID-19) Weekly Epidemiological Update. World Health organization. https://www.who.int/emergencies/diseases/novel-coronavirus-2019/situation-reports (accessed September 17, 2020)

2　Latest Situation of Coronavirus Disease (COVID-19) in Hong Kong https://chp-dashboard.geodata.gov.hk/covid-19/en.html (accessed September 17, 2020)

3　Student nurses' ethical views on responses to the severe acute respiratory syndrome outbreak. Nursing Ethics 2020, Vol. 27(4) 924–934. https://doi.org/10.1177/0969733019895804 (accessed October 5, 2020)

4　Fair Allocation of Scarce Medical Resources in the Time of Covid-19. N Engl J Med 2020; 382:2049-2055 https://www.nejm.org/doi/full/10.1056/nejmsb2005114 (accessed October 5, 2020)

新冠狀病毒疾病
引發的倫理挑戰

加拿大兒科和小兒血液及腫瘤症專科醫生
加拿大天主教教區執事
鄔維揚醫生

　　心態或價值觀的重要性是因為，一切道德問題上的選擇，都是基於真理，每個人都要時常反省自己的心態和價值觀是否合符真理。您認為護理或醫生是工作，是職業，專業，或是使命？

　　2019 冠狀病毒（COVID-19）是一種新病毒。於 2019 年 12 月用基因分析，證實和確定它是新的病毒，因此我們假定地球上絕少人對此具有免疫力。它既然是一種新病毒，這意味着我們真的不十分了解這種感染的自然病情的進展（Natural History），例如死亡率、長期併發症、合併症（例如多系統發炎性候羣 Multi System Inflammatory Syndrome），以及其他可能與感染後相關的後遺症，所有這些在過去的 9 個月中，我們才剛剛開始觀察到。這普世的流行病嚴重地影響了我們的生活方式、社會、經濟、政治制度，最重要的也許是它對人際關係的影響，甚至種族和國際間的關係，但在人類身心社靈上的長期影響絕對是未知的。

隨着對 COVID-19 的新發現，道德決策將需要根據新知識進行更改。我們必須適應新的現實，而又不損害道德價值觀的條件下作出新的決策。道德價值觀是基於人的本性和質素，道德觀念不會隨 COVID-19 的改變而改變。這種普世流行的瘟疫給我們帶來了很多挑戰，但同時也為我們提供了獨特的機會，來重新審視我們的道德價值觀，我怎樣選擇優先次序，哪一件人、事、物是最重要的，並讓我們提出以下問題：對我自己、我的家人、國家和整體人類，以及整個地球什麼事是最重要的？什麼事是次要的？什麼事是要放棄的？我們必須作出調整，否則我們便會走上恐龍滅亡的道路。或者使用另一個商業的例子，當 40 年前我們從用膠片拍攝照片變為數碼攝影時，幾年內，拍攝照片所用的膠片製造公司完全消失了。現在加拿大亞伯達省的醫療衛生局（Alberta Health），已開始讓醫生從電訊網絡上行醫（Virtual Care or Telemedicine）。

醫生的責任

　　缺乏足夠的個人防護感染裝備，或沒有足夠的深切治療的醫療器具，我們怎樣分配不足夠的資源？在道德守則和道德規範中，特別使用聖經語錄是「必須將新酒放入新酒皮袋中」。在這個普世流行的瘟疫時代，如何運用對天主給我們醫者仁心的愛，並以愛的動力作出對社會的貢獻？我們迫切需要聖神的恩典，光明和智慧。願我們將此視為機遇而不是災難。我們應明智地不問

上主天主為什麼會這樣，而問這是什麼？問慈愛的上主，希望我們為這場人類對抗病毒的世界大戰做什麼？中國人常說危機，其實有危險才會有機會。因為有危險我們人類便會作應變，而因這樣便成為一個新的機會和新的希望。這個新的疫情應該可以是一個機會，這個人類對疫情的世界大戰，可否將人類團結在彼此的愛與關懷中，真正進行合作，和諧地工作。這應該是一個機會，使人類從以自我為中心轉變為以他人為中心？從關注小我到關心大我。

　　只有在我們能夠擁有正確的價值觀，和良好心態的情況下，這種普世瘟疫才有機會成為一個祝福。

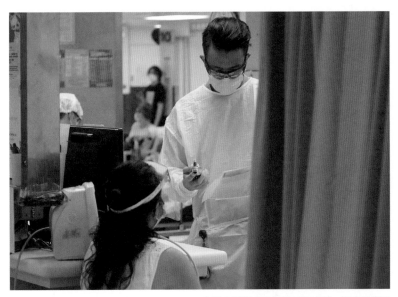

有不少新冠病毒患者並無病徵，而疫情前期
醫護人員曾面臨防護裝備不足的情況。
（《明報》資料圖片）

正確的價值觀

從一個人或一個社區考慮，説出、寫出，並在最終採取適當的道德決定，一定取決於您的心態，您認為什麼重要，您（或您的社區）最看重什麼？您或整個社會的心態或價值觀是否健康？是否是以仁義禮智作為基礎？

在受到挑戰之前，有時候我們甚至不知道我們真正相信的是什麼，或我的心態度和價值觀是什麼。因此，這種新的COVID-19 疫症流行，通常可以令我們更深地了解我自己的核心價值是什麼？更深一層地了解我的社區、國家的文化和價值觀。這種具有挑戰性的局勢，迫使我們保持安靜，保持靜止和思考。因為止定靜，才能思慮，才能格物致知，最後才能修身治國，使天下太平。

良好的心態和價值觀，令人作出良好的決定。這絕對需要神貧的內心和純潔的意向。的確人到無求，才能品自高。鑑於COVID-19 對我們身心社靈的影響，不斷有新發現，因此有時候需要在幾天和幾周內改變決定。因此，在這種新情況下，我們必須運用我們建立的信念和道德標準，並結合理性、智慧、科學證據和審慎態度。為了應對這種流行病，我們需要勇氣、智慧和無條件的愛。平民要對政府醫療衛生專家所作出的決定有包容的態度，正因為 COVID-19 這樣新的疫症是沒有人有經驗的，今天作

出的判斷，可能明天便發覺是錯的。醫療衛生局的專家只可以盡力而為，過後的指責只會帶來分歧，因為這是不公道的指責。

從照顧和關懷近人義務或責任的角度，讓我將醫生的責任，劃分為三個層面：

1. 首先是我作為醫生（醫護人員）的職責。
2. 但醫務人員，也有自己的父母，祖父母和子女，因此他們對家庭，同工的醫護人員和朋友也有要付出的責任。工作上的需求會不會時常使我們醫療人士，面對家庭的責任和作一位醫生的責任有衝突的兩難選擇？
3. 作為中國人、作為世界公民和作為人類成員的責任。

讓我們看看作為醫生應負的是否關懷的擔子，責任的軛。

13 年前有一位鏡湖護理學院的護士教授問我醫生的責任是什麼？病人和他家人身、心、社、靈的健康都是醫生或醫護人員的責任。

30 年前我診所的護士說我有時似一個社工，多過醫生。當時我們便開了一個 10 多分鐘的研討會，我問醫護人員的責任是什麼？結果我的診所定下四個使命，這成為了我診所的使命宣言。

The mission statements in my clinic are：

1. We are instruments of healing. [We are not the healer, we are instruments of the healer.]

2. We care and support.

3. We educate.

4. We advocate.

翻譯成中文的使命宣言是：

1. 我們是治療他人的工具。（我們並不是治療者，只是治療者的工具）

2. 我們要關懷，要支持，要鼓勵。

3. 教育是我們的責任。

4. 護衛，支持病人，特別是那些沒有口舌的人，沒有權勢，弱小社羣的人。

治療他人的工具

醫生的工作是職業、事業、專業或使命？你對自己工作看作是職業、事業、專業或使命？

如果你覺得自己的工作只是一個職業，或一個事業，甚至是一個專業，而不是使命或事奉，那麼有危險時我便放棄。如果你覺得你的崗位是一個使命，那麼就沒有放棄自己的職責的問

題。因為清楚我服務的對象是我的兄弟姊妹，天下一家，四海之內皆兄弟也。用聖經的一句：「我是牧羊人，我為我的羊捨棄自己的生命，我不是佣工，見了狼來的時候便跑走了。」我這牧羊人是治療人的工具。

用智慧避免危險

雖然照顧 COVID-19 的病人對自己有危險，但我們不是沒有恐懼心，而是以勇氣去戰勝恐懼心。沒有危險和恐懼便不需要有勇氣。我們利用智慧去避免危險，保護自己，以仁慈為動力，付出勇氣盡心盡力去做自己的本份。智、仁、勇中國文化稱之為三達德。的確最近一篇報告訪問了 7,000 多名醫生，其中 5,000 位是美國的醫生，其餘的醫生是在法國、德國、墨西哥、巴西、葡萄牙、西班牙和英國行醫。問他們是否覺得醫生有責任自願去醫治有 COVID-19 的病人。法國的醫生有 80%，美國 50%，最低是巴西，但都有 40% 覺得有責任為 COVID-19 的病人服務。西班牙的醫生有 67% 遇到缺乏個人防護感染裝備的情況，雖然在這樣資源缺乏的狀況下，西班牙的醫生有 69% 覺得有責任自願去醫治有 COVID-19 的病人。

初期 COVID-19 來臨加拿大卡加利城市，卡加利大學旗下的醫院，發出通告要求兒科醫生自動請纓到內科部門服務，因為兒童感染 COVID-19 後，很少需要進入醫院，但成年人或長

者感染 COVID-19 之後進院的機會是很高的。當時我電郵給上司說我願意去，但兒科主任過了一天後回答，不批准我去內科服務，因為我已 70 多歲，若感染 COVID-19 我要入特別護理室 ICU 的機會很高。我那時便明白，如果我去內科部服務而感染了 COVID-19，我便會使醫療系統增加了負擔，的確這是一個宏觀明智的決定，而不是個人的決定。

關懷與支持 鼓勵的工具

在卡加利我們的自殺熱線求助電話比去年多了 80%。當我們的病人或學生或同工感到憂鬱的時候，我們怎樣關懷支持他？這需要我們有慈悲的心，觀人於微。

有時只是付出關心他人的善意，已足夠使那人增加了對自己的愛和信心。記得有次看見一位高三（Grade 12）同學表情帶憂鬱，我約他出去吃中午飯，他說要退學。我勸告他說還有三個月就畢業了，不如繼續上學。結果他還是退了學，找了一份工作做了一年。不過那一年他放工後時常來到我診所和我傾談。過了幾年他上了大學，有一次我再遇上他時，問他：「你那時很不開心，你有沒有想過傷害自己？」他回答：「有。」我問他後來怎樣？他回答：「你請了我吃午飯，我取消了計劃。」聽了他的答案，我當時感覺我的膝頭幾乎軟了，覺得要跌下來。天主我感謝祢使我有時藉着祢的恩寵，能夠做到我所不能的事，好像我能

在水面行走，但求祢寬恕我時常以為是我自己的能力能夠做到的。去年和這位病人的爸爸通電話，知道他從華盛頓州大學剛剛拿到了博士學位，現在已到了哈佛大學埋首博士學位後的研究（Postdoctoral Position）。

記得有一次我走進醫院時，一個護士很緊張地跑到我面前，告訴我說我收了一個新病人，是一個初生的嬰兒，我見她這樣緊張便問他說：「那嬰兒有問題嗎？」護士告訴我說：「嬰兒沒有問題媽媽有問題。」我說，媽媽的問題是婦產科醫生的責任。那護士告訴我說，媽媽生了第三個女孩子很不高興。當時我的心跳了一下，因為記得兩個月前有一個婦女，她的姓氏與這位剛剛成為三個女孩的媽媽一樣。而那位媽媽因生了三個女孩而跳河自殺了。

我進了產婦的房間，那位媽媽完全不動不睬，爸爸一直在房間中走來走去不知所措。我邀請了爸爸跟我去為他的初生女嬰作體檢。那女嬰很漂亮，體檢一切正常，但她的屎片卻充滿了糞便，我平常會幫她換片，但這次我弄濕了一條毛巾，並拿一條乾淨的尿布給了爸爸，叫他替他的女兒換片。爸爸服侍了女兒之後，便會產生父女之情。我跟着對那爸爸說：「阿 Sir 你還要拍馬再追，因為我有四個女兒。」

第二天，我再進醫院時，那護士又跑到我面前，不過今次

是以高興的身體語言，她問我：「你究竟跟那父親講了什麼話？」我說：「我講了好多話，不知你想問什麼？」那護士告訴我：「你離開醫院之後，那父親每次碰到一個人便對他們説，自己生了三個女孩子沒有什麼問題，因為鄔醫生生了四個女孩子。」那父親接受養育三個女孩子的責任，那媽媽也便接受了。的確心態不是教育出來的，而是要像感染病毒一樣，心態改變是被感染得來的。In English, "Attitudes are not taught, but caught."

有一次，一個初生嬰兒出生後突然呼吸很急促，因此便轉送進特別護理室，而我那一晚在特別護理室當值，實習醫生打電話給我説，不要進來，因為孩子進了特別護理室之後呼吸完全正常。第二天去到醫院給那小孩子做體檢，的確一切都是正常。但檢查病歷時，發覺這是媽媽的第四次懷孕，而第一次懷孕後生出的小孩子，她給了他人領養。我告訴這媽媽她新生的嬰兒很正常，可以回家。我告訴她説，很高興這新生的嬰兒有驚無險，問她我們可否做一個簡單的祈禱。祈禱時我説：「多謝天主，祂在天地創造之前，已經愛了這個嬰兒。那嬰兒要被創造的時候到了，天主揀選了他的父母，並藉着父母婚姻的盟約，這嬰兒在母胎中奇妙地被創造。我們感謝天主嬰兒很正常。也求天主祝福他的父母和這母親的四個兒女。」那媽媽捉住我的手，説了一聲多謝。 的確，這位媽媽那天一定會想起她第一個孩子，現在是否開心或不開心呢？他的養父養母是否愛惜他呢？藉着祈禱，希望天主使那媽媽明白天主愛她的四個小孩子，亦一定會祝福她的四

個孩子，她不用擔心。

教導的工具

卡加利也曾經有過封鎖的時間，以減低 COVID-19 的擴散。在這段時間，路上汽車少了許多，因此很多人駕駛時超速。雖然車輛在馬路上少了，交通意外也少了，不過因為汽車的速度增加，因此嚴重的車禍也增加了。因為公共游泳池完全關閉，所以很多人改在湖上或河流中作水上活動，但不知水流的危險，所以今年亞伯達省的溺水死亡人數較去年幾乎多了一倍。也有一些人胸口感到不適，應去醫院尋求診斷是否心臟病，但現在他們怕入醫院時會感染到 COVID-19，所以延遲去醫院，結果他們不是因 COVID-19 而死亡，而是因心臟病而死亡。我每星期在電台上的醫學講座，也要提出這些問題，也要減低市民對 COVID-19 的驚恐。要讓他們明白 COVID-19 的死亡率只是 4%，在美國 30 多萬 21 歲以下的年青人被感染，但死亡率直到今年 9 月時的統計報告是死了 121 人。但很多父母仍然緊張，不讓孩子上學。

這幾個月，我在電台上的醫學講座「醫者仁心」，教正確的洗手和戴口罩的正確方法，在疫症流行的時候，我也要重覆提醒父母不要給小孩子吃咳藥水，因為呼吸系統上的感染，吃咳藥水並不會幫助他們快些痊癒，而且小孩子吃咳藥水可能會對身體有傷害。

不過，這疫情使到很多人有過度的緊張和擔心，我們身為醫生最重要的是教育，對抗不正確的消息和誇張的渲染，要説出真正的事實。不過好可惜最近英國的一份出名的醫學雜誌《刺針》（LANCET）及美國《新英倫醫學雜誌》（NEJM），都曾經登出了兩篇醫學報告，但結果發現這兩篇醫學報告內容可能是不正確的，因而在雜誌上宣布取消這兩份報告。這兩份出色的醫學雜誌也可以被人愚惑，我們作為普通市民是否更應該小心，不去傳揚假消息，要用審慎的智慧去判斷消息是否合情合理，更應有自知之明，有謙虛的心，明白面對這個新冠狀病毒，醫療衛生的專家也正在摸索中尋求真理。另一方面，我們做醫生的教育責任是要將 COVID-19 的新知識，在審慎的判斷下分析，並傳遞給大眾市民。

做弱勢社羣的喉舌（To Advocate）

很多人在這疫症大流行（Pandemic）期間失了業，有些是新移民，他們不知道怎樣尋求幫助，他們有時不好意思告訴醫生他們的經濟的困境，所以我們要用婉轉的技巧，給他們提供社區互助弱小羣體的機構。我們要幫助他們找到適合的幫忙。

容許我用另一個例子來帶出什麼是 Advocacy。在 1980 年代，很多亞裔難民被加拿大接受及庇護，但來到加拿大的那些年青難民被收進亞省的學校後，發現很多都缺乏英文的教育，他們

多年在難民營，不一定受到教育，就算有教育，也很多是沒有英文課程，他們到了加拿大，沒法適應學校的教育。我們因此創立了一個慈善機構，專為那些新移民和難民的兒女作輔導和下課後的補習。

我們身為一個公民，人類的一份子，我公民的責任是什麼？

疫苗的製造已經開始了，但疫苗是否安全和是否有效需要一段時間作臨床的試驗，來確定疫苗是否有效最好的方法，便是用所謂隨機雙盲對照試驗（Randomized Double-Blind Control Trial，RCT）。隨機雙盲對照試驗，是隨機將一半的志願者注射 COVID-19 疫苗，餘下一半志願者注射另一種疫苗，然後我們比較哪組人感染率較低。若被感染 COVID-19 後，哪一組病情比較輕微。

用這個方法會需要很長時間，因為感染 COVID-19 機會不大，所以需要幾千人，甚至幾萬人才有足夠的樣本人數（Sample Size），所以很多科學家和倫理學家都提出可否用激發測試（Challenge Test）。雙盲激發測試（Double Blind Challenge Test）所需的志願者相對較少。40 個志願者打 COVID-19 疫苗，40 個志願者打另外一個疫苗，打了疫苗三四個星期後，我們將 COVID-19 的病毒放進 80 個志願者的鼻孔，跟着比較那一羣組較

多感染 COVID-19。因此 Double Blind Challenge Test，能夠很快給我們找到那一隻 COVID-19 疫苗是有效的。不過如果那些志願者，因為 COVID-19 感染而病了或死了，我們還會不會覺得我們這樣做是否合理，和合乎道德的標準？因為醫生其中一個重要的守則，便是不可害到病人「Do no harm」。當然我們只會揀選年青的志願者，因為 COVID-19 在年青人身上死亡率是偏低的。

如果我們將 COVID-19 看作一場世界大戰，整個人類要對抗這新的冠狀病毒，必須作出全人類的合作。記得中國的一個故事，是一個寡婦把自己的獨子送去參軍。人人問她為什麼這樣做，那寡婦說：「太平時我們的家是國家的基礎，但在國家被侵略時，國比家較為重要，因為覆巢之下無完卵。」

已有百多名科學家、倫理學家、諾貝爾得獎者聯名寫信要求許可 Challenge Test。如果有若干志願者願意這樣為整個世界人類作出犧牲，是否是合理，合情也符合道德的標準？

COVID-19 也有好的一面，最少對我一位學生的父親而言，他是一個上了癮的賭徒，但因為澳門賭場關閉了個多月，他再沒有去賭場了，也因此感謝上天他也戒了賭，我的學生也和父親和好了。的確 COVID-19 是可以成為一個轉機，而不是危機，有危才有機。

靈性上的幫忙

　　病人和他家人身心社靈的健康和成長，都是醫生的責任。在這 COVID-19 的疫情下，醫生怎樣幫助我們病人的靈魂？9 月中在美國已有 390,000 個 COVID-19 病人是 21 歲以下的年青人，但年青人的死亡率是很低的，只有 121 個 21 歲以下的年青人，因患 COVID-19 而喪生。

　　兒科醫生會在醫院照顧那些患有嚴重 COVID-19 的兒童。我們教友通常只會想到垂死的病人，可以給他們領受聖洗聖事。如果有一位篤信天主教的小孩子，有嚴重的病，甚至有死亡的可能？我作為兒科醫生已有三次曾經要求醫院的神父或那孩子的本堂神父，給他們在死亡前領受堅振聖事。（天主教的東方禮教，嬰兒接受入門聖事，多是聖洗，堅振和聖體聖事同一時領受的。）

　　神父不會知道那些孩子有垂死的可能，所以我們身為天主教徒的醫生有責任，告訴孩子的家人去通知他們的本堂神父。並問神父可否給他們的孩子領受堅振和聖體聖事。有些嚴重殘障的孩子，很多時會在家中突然死亡，我們應否學習東方禮教的天主教會，早一些給他們領受入門聖事。堅振聖事給孩子的靈魂一個特別的改造，或神印，他們領受了堅振聖事，可否在天堂上更能光榮天主？聖事是天主給我們的恩賜，教會是天主恩寵的渠

道，就更應慷慨地把天主慈悲的恩寵，合時或應説及時地分施給那些可憐的孩子。

愛是個選擇

中文「和」字有三個解法。第一個是連貫詞，你和我是平等的。第二個是動詞，我和你修和，和解。第三個是名詞，和平。我們應清楚地明白沒有第一個平等的和，便沒有第二個和解、修和，亦很難會有和平。

格林多前書第 13 章很多人都很熟悉，因為很多人在婚禮中也取用那段聖經。我有一位回教徒的病人，他結婚時也取用了格林多前書第 13 章第四至七節，愛的讚頌。「愛是含忍的，愛是慈祥的，愛不嫉妒，不誇張，不自大，愛不作無禮的事，不求己益，不動怒，不圖謀惡事，愛不以不義為樂，卻與真理同樂，凡事包容，凡事相信，凡事盼望，凡事忍耐」。我們是以愛的肖像被創造的。孟子也説惻隱之心人皆有之，這便是仁愛。愛是我們人皆有的本性。我們看到愛那個字時，可否將自己的名字放上去？那便變成陳校長是含忍的；李太太是慈祥的；張醫生不嫉妒，不誇張，不自大；黃主任不作無禮的事，不求己益，不動怒；何老師凡事包容，凡事相信，凡事盼望，凡事忍耐。

愛是一個選擇，每個選擇背後都要有一個捨棄。例如我去

茶樓飲茶，茶樓有 70 種點心，我揀了蝦餃燒賣，便是放棄另外那 68 種點心。沒有捨棄那可能不是一個選擇，只是一個選擇權。（Without sacrifice it may only be an option not a choice.）中國人說捨得嗎？其實捨得不是一句話，而是兩句話，有捨，才有得。選擇去愛別人，背後有一個捨棄，沒有犧牲，很可能不是愛。捨生取義，那不是一個捨棄，一個犧牲的選擇嗎？

創世紀上記載，天主給了人的生命，給了人的自由，跟着給了人工作，要人管理大地，所以工作是天主給我們的禮物，是上天給我們的恩賜。我們以愛心去做我們的工作，實行醫生或醫護人員的職責時，我們如果盡心盡力用愛心去實踐我們的工作，我們的擔子的確會是輕的，我們的軛的確會是柔軟的，因為如果愛是我們的本性，那麼我們以熱愛去做所有的工作，一定會容易。用一個比喻來解釋，我們行路一定會比較游水容易，所以我們要過河時，如果有橋便行在橋上，我們不會游水過河。但如果我是一條魚，我一定會游水過河，因為游水是我的本性。所以如果人類的本性是愛我的近人，我的鄰人，我的家人，那麼我用愛去工作，不就是像魚在水中游般一樣輕鬆自由。

我這位老人家，就要變成化石的恐龍，在此說再見，並願上主天主聖父聖子聖神祝福你，並與你，你的家人，你的朋友和你的敵人永遠同在。

疫情下的醫療關顧

伊利沙伯醫院急症室部門主管
何曉輝醫生

　　我是一位急症科醫生，三分之一時間在前線診斷病人，三分之一時間作部門管理，三分之一時間幫醫院作一些行政管理工作。「疫情下的醫療關顧」（Duty of Care）這個題目，我在醫生平常的工作中也沒有特別去思考，但為這次研討會特別翻閱了一些相關的文獻，以及反省自己在平常的前線工作或制定某些政策的時候，會有什麼不足的地方。

　　今天我想和大家分享兩方面的問題，第一方面是作為一個醫護人員，在面對新冠肺炎時，應如何面對自己的專業？很多人覺得醫生和護士都是天職，就算情況怎樣都好，也需要上班工作，對着高危的病人也一定要處理。然而，這是否一定的呢？香港暫時來說，是非常幸運的，至少在急症科方面，或在傳染病方面，都沒有什麼逃兵。就是說，不會有醫護人員因害怕疫情，而不處理病人、申請調職、提前退休、辭職、甚或缺勤，這些情況的確很少發生。至於其他地方的情況，我不是十分清楚。所以疫

情下的醫療關顧，可能對某些醫護人員來說，是一份天職及責任，但實際上這也不是必然，當中也有些爭議。醫生和護士除了職業上要對病人負責之外，亦要對家庭負責、及對身邊的人負責。那麼到底在責任方面，該如何取捨呢？這是我想和大家分享的第一方面。

而第二方面，就不是以個人出發，而是對於病人而言。在急症科處理急症病人時，我們經常要作出一些艱難決定。舉一個很常見的例子，我們要不要為某個病人插喉？例如，有一位90 多歲的病人，有長期病患，這次急症求診，很大機會染上新冠肺炎，要否積極急救呢？救他便需要使用一部呼吸機，而且插喉後，深切治療部的醫生也未必會收留他，因為覺得病者生存機會渺茫，倒不如將希望留給另外的病人，這些都是我們不時要面對的問題。由 1 月底到現在已經超過半年，第三波的疫情也剛過去。第一及第二波的疫情相對較輕，因第一波受感染的人數較少，第二波受感染的多是年輕人，但第三波卻影響很多老人，死亡人數增加。雖然，我們的醫療系統暫時還沒有超出負荷，我要強調是暫時性的，因為疫情還沒完結，但我覺得還未到達臨界點，因醫院深切治療部的病床在過去第三波的疫情都仍足夠。因此，一些較困難的決定，我們暫時還未碰見過。至於第四波的情況，我們還未能得知。相比我們知道的其他地區，如歐洲及美國，我們的同事從電郵聯絡，得知他們每天都要面對這些很艱難的抉擇。所以我希望今天能在這兩方面與大家分享。

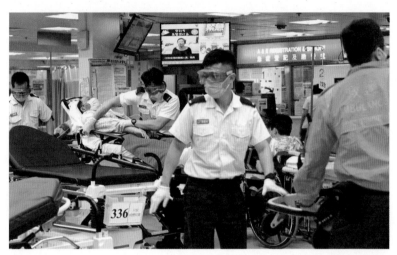

在疫情下，急症室前線醫護人員除了要處理
高危的病人外，更需面對艱難的抉擇。
（《明報》資料圖片）

醫療倫理指引

　　我參考了各地如英國、加拿大、及美國等的一些文獻，因那些地方的疫情都比較嚴重。他們其實汲取了一些 2008 年豬流感及 2003 年沙士的教訓，並刊登了一些醫療倫理指引，更在不久前作出更新。反觀，本地機關卻沒有一套倫理指引給予醫護人員遵從，雖然 2003 年香港可以說被當時的病毒肆虐，作為急症室部門主管的我，在倫理方面要怎麼處理，我剛才提及的兩個爭議，沒有本地制定的指引可跟從。話雖如此，香港醫管局當時也修訂了一些指引，比如說那些醫護人員可「免疫」？在最近的新冠肺炎中，一些外國的指引提供類似方面的安排，例如一些上了年紀（60 歲或以上）或有長期病患的醫護人員，可調離前線工作。香港根據沙士的經驗，懷孕或丈夫和妻子都是醫護的話，可

以選擇不需要到高風險的前線工作，即所謂「免疫」。不過始終在一些比較全面，以醫療倫理處理大流行病的指引方面，我暫時還找不到。

第一個課題是關於一個醫護人員在大流感的情況下，他有什麼責任、義務，甚至強制性義務？很多同事上班都是自願的，不會有太多考慮，上班就是工作。當然亦有些同事可能説我是當醫生、護士，不是當士兵，沒有想過做醫生或護士會有性命危險，特別是在處理這麼高傳染性的病毒時。幸好現時所知，這個病毒的死亡率不高，約 2 至 3%，比起沙士的 10 至 20%，以至伊波拉病毒的 40% 為低，但始終還是有一定風險。在強制性義務方面，可循三方面考慮，第一是專業，第二是道德，第三就是法律。在疫情下的醫療關顧，我願意從這三個層面去剖析，特別會在道德的部分多説一點。

醫護人員的權利

在專業性方面的考慮，其實比較簡單。上班時只需問自己一個問題：「我可否拒絕醫治一個新冠肺炎的病人？」我會否跟上司説：「我今天不太想醫治這一類病人，因我自己都有點不舒服。」或者「我跟家人商談過，我很害怕。因我的兒子還小……」其實作為當值的醫護人員，有沒有這樣的權利（Right）呢？是否無論情況有多危險，或在防感染設備不足的情況下（如

負壓室），醫護人員都要處理呢？美國和加拿大的一些急症醫護學會列出一些個人狀況，可免去醫護人員在高危崗位工作，這可以說是一個團體的共識。在這次新冠肺炎疫情，孕婦並不屬高危人士，與沙士情況不同。其實，可以簡單地說，作為一個醫護人員，由你開始接受培訓，進入專業的醫護界，經歷每日的臨床訓練，已經負有責任去處理任何病人，假若你說有一些病人你不會處理，便會構成歧視。

可是，政府或者醫療機構亦有責任去履行相互義務（Reciprocal Obligations）來保護醫護人員。就是說醫護也有權利去要求對等的保護，確使行使職務時，不會得不到合理的保護。好像一個士兵去打仗，上司不給他武器如槍枝是不合理的；同樣上前線處理病人的醫護，其機構亦應該給予足夠的保護裝備。很幸運地香港經過之前沙士的教訓，保護衣從疫情開始時的 1 月到現在，我認為還是足夠的。誠然，亦偶有所聞在個別單位，保護裝備這樣不足那樣又不足。我想很多同事是擔心，多於實情的不足夠。在我部門未見過有不足的情況，亦知道很多急症室部門情況都一樣。可能是幸運或者不幸運，因急症室及傳染病房屬於高危地區（High Risk Area），我們能夠優先得到足夠的設施安排。

在法律方面，其實沒有一些明文、法令或條例，去針對僱員在疫情下的工作安排。譬如說，如果不上班，僱主可否控告僱員？參考香港 Kennedy 律師行，一所較具規模且有處理頗多醫

療訴訟經驗的律師行，其合夥人所提供，疫情中勞資法律爭議都會跟隨普通的勞工條例，如僱傭條例、勞工合約、或有關歧視條例去處理類似相關的糾紛。至於會不會去到香港醫務委員會或相關專業團體那裏跟進，要視乎個別事件調查後才知道。據我所知，暫時還沒有相關案例。因此，在法律層面，我們是沒有一個很直接和明確的所謂強制性義務，去要求醫護人員在存在爭議的情況下提供服務。剛才的分析，不是說有很多人想逃避工作，並不是這樣。但在處理有關爭議時，在法律和專業性方面，專業性有多些指引，而法律性方面暫時還存在不確定性。

醫護的道德約制

來到道德倫理（Moral）方面，作為醫護人員，尤其是醫生，醫患關係（Doctor-Patient Relationship）基本是一個受託關係，即病人將自己的健康和生命交予醫生手中。醫護處理病人的需要，是為醫療關顧（Duty of Care）。雖然我們不是慈善事業，但作為醫護人員，無論有信仰與否，都是持着仁慈（Beneficence），或者非惡意的心（Nonmaleficence），去處理病人各方面的需要。所以，從道德倫理角度，醫護有一個強制性的責任去處理任何病人，包括新冠肺炎（COVID-19）病人。

那麼，作為一個醫生或護士，在疫情下的作業，專業、法律和道德倫理三方面都需要考慮。雖然不是所有方面都有一些強

制性的要求，但道德方面的約制卻很明顯。

現實的抉擇

來到第二部分的分享，很多人或會問及思考一個問題：「當病人太多而資源不足夠時，如深切治療部（ICU）的病床全滿、呼吸機也不夠、很多東西都缺乏時，我們該如何選擇處理病者？是否應選擇去救或不救那些病人呢？」課堂討論可輕描淡寫，但現實的抉擇可不容易。譬如在我的急症室有 4 張急救病床，分開兩個區域，每個區域有兩張床，其中一個區域的兩張床是在負壓室裏面，當一個曾接觸過確診新冠患者的發燒病人需要急救，理所當然會在負壓室為他急救。急救完成後，暫時能維持他生命，繼而安排病房。但無論是安排 ICU，還是普通病房，這個過程是需要時間的。可是，這段時間，負壓急救室就被一個病人佔用了。那麼如果再有第二個病人來到需要急救，我該怎麼辦？這是很實際及每天都會遇到的問題。當這個資源（Resources）有限制的時候，你要作出一個抉擇。究竟我應否容許另外一個病人進來一起急救，但有機會受到早來的那個病人感染；抑或，將遲來的一個病人送去另外一個區域急救，可是新來的病人都有發燒及確診徵象？這情景在第三波疫情最高峰時，經常發生。

在一些疫情嚴重的外地醫院，基本上就將很多不是急症、不是 ICU 的病房，轉成 ICU 的病床去處理，而對醫護標準

（Standard of Care），也有調整。簡單地説，我們用一個功利方面（Utilitarian Theory）的做法，或在我們急症醫學名叫逆向分流（Reverse Triage），就是將最容易救的便先救。如病者已很年老、有心臟及中風問題，而平常又沒有活動能力，還是不要救了。另外，亦有一個平等處理方案（Egalitarian Approach），但此方案很難有一個平衡的標準。簡單來説，就是先到先得，誰先來的便可使用設施，後來的就未必能夠使用。這樣我們不是以人去選擇，而是以次序來決定資源的運用。

至於撤離及扣壓醫療程序（Withdrawing / Withholding Treatment），在急症室我們很多時候主要是考慮扣壓醫療程序，即當有些病人生存機會不大時，我們未必會為其插喉，因為插了喉，之後可能需要的設施及服務將比較多。然而撤離醫療程序，在 ICU 可能會多些考慮。

另一個選擇的挑戰，就是維持必須性醫療服務（Essential Service）的考慮，如果某些醫護人員患上新冠肺炎，他們是否應該優先被救？理由是他們復元後可以救到更多人。延伸到另一類人士，包括政府人員或急救人員，是否應該先救？這是倫理方面需考慮的事情。

最後是責任問題（Liability），即將來疫情結束後，究竟會不會有相關的法律責任問題。沙士之後，有人嘗試過提出訴

訟。在這方面，我歸納出五點考慮：首先做出決定時是否合理（Reasonable）；是否跟隨循證醫學（Evidence Based Medicine，EBM）去處理；有否跟隨由機構或學術團體作出的指引；當然有時我們自己決定不了，需要找其他人協作（Collaborative）一同商討，對將來處理責任問題時肯定會有幫助。最後，我們當然希望有一個安全及有效的醫療方案給我們所有的病人。

吃人一口，還人一斗的防疫救援

羅東聖母醫院院長
馬漢光醫師

　　我們一直說施恩不望報，可是在疫情期間台灣發生了一段很感人的故事，一羣來台灣服務 68 年的意大利神父之犧牲奉獻獲得很大的回饋。

　　靈醫會秉持神貧、貞潔、服務、仁愛的聖願，1952 年選擇在宜蘭羅東這個醫療極度缺乏的窮鄉僻壤，實踐照顧弱小弟兄的信念，透過醫療傳播福音。大家都很受感動，但靈醫會為什麼要這樣做，對於不是住在宜蘭地區的人，還真的難以深刻體會。

起源於天主教靈醫會與會史

　　靈醫會足迹遍佈全球 40 多國，會祖是聖嘉民，靈醫會的會服胸前和斗蓬右肩均繡有紅十字，是一輩子志願，便是遵循會祖的使命為病人服務。

19 世紀中期，靈醫會開始於意大利以外的國家發展，如西班牙、法國、德國、南美洲的秘魯等國家。第二次世界大戰後，意大利北部的靈醫會，決定到雲南服務。1952 年所有到中國內地服務的神父、修女們離開，當時有 6 位神父、修士及 4 位修女來到了台灣，有 4 位去了泰國服務。

HONG KONG: Aprile 1952: I Missionari Camilliani, espulsi dalla Cina

神父們離開內地，到台灣服務。

羅東聖母醫院歷史簡介

1952 年 4 月會士們離開雲南，決定來台灣，並選擇以醫療落後的宜蘭羅東鎮，作為他們再次出發的起點。同年 6 月 15 日，會士和修女於羅東落腳，租下當時已休診的一家私人診所，並更名為「聖母醫院」，從此展開行醫濟世之旅。

50 多年來，聖母醫院由一間間小平房逐漸擴展到如今現代化的病房，經歷的是一段艱辛的發展史，歷任院長梅崇德神父，安惠民神父、達神家神父、羅德信神父、呂道南神父，李智神父和馬仁光修士、卡通靈修士、柏德琳修士、高國卿神父、傅立吉神父、楊家門神父……等許多會士們披荊斬棘的精神，深受當地民眾的敬重。

早期的聖母醫院與神父。

守護偏鄉醫療服務

　　靈醫會神父們以守護偏鄉為己任，從華德露神父、馬仁光修士服務的點點滴滴，將靈醫會視病人為基督的精神，發揮得淋漓盡致。神父說：「偏鄉與巡迴醫療是社會責任，不是施捨，更不是慈善，哪裏有需要，我們就在哪裏。」於是神父們克服萬難，在偏遠山區建立聖堂、設置醫療站、復健中心、村落巡迴醫療點等，堅守照顧弱小弟兄的信念，巡迴醫療服務是非常艱辛

的，神父們告訴山區居民：「不能羨慕別人擁有的一切，因為天主都有安排，祂會給你的」，道盡山區醫療的不容易。

近十年來則承接衛生署山地巡迴醫療計劃，在大同鄉與南澳鄉，進行全年無休的山地巡迴醫療，引進專科看診、夜間急診、精神科巡診、復健站，落實數十年以來守護原住民健康的承諾。

海外醫療服務

13 年前由靈醫會資源贊助，派遣高國卿神父負責聯繫與協助「漢中海外醫療服務」，修會修女也進駐於此，開始服務痲瘋病人。天主教靈醫會每年定期派員前往醫療服務，漢中復健站每趟長達 7 天的義診，共服務約 350 人次，過程沒有疲憊只有滿滿感動。真正深入痲瘋村，才能體會其艱苦、不捨被遺忘角落；故我們繼續堅持聖嘉民的精神，讓醫療無遠弗屆，讓愛能無限綿延。

菲律賓也是靈醫會在亞洲的服務重點。任職的第一年，本人親自擔綱 2019 年海外醫療團團長，並號召院內外醫護志工，共計有 19 位人員參與，是海外醫療團成軍 8 年來出團人數最多的一次，謝謝北榮的伙伴及輔大醫院聖福若瑟醫療服務團的伙伴，以及一直默默支持、捐贈電燒機及手提式超音波的老朋友，讓我們海外醫療服務事工，延續着靈醫會會祖聖嘉民的精神與經驗。

傳愛台灣68年 榮獲醫療奉獻獎

　　早期醫療匱乏年代，外籍神父深入偏鄉，幫助貧苦人家「窮人看病不收費」，如果沒錢，可以先簽借據，等之後手頭寬裕再還錢，萬一真的沒錢，醫院也不會催討，等到幾年過後，會把這些借據通通燒掉。侍奉最弱小兄弟，如同侍奉耶穌基督！

　　意大利籍神父們遠渡重洋來台68年，早就把台灣視為自己的家鄉，他們最後一口氣都要留在台灣，安息在丸山村靈醫會的墓園，但是他們畢生奉獻的胸懷，永留受惠的蘭陽人心中。

　　台灣為了對偏鄉服務和醫療人員表達感恩，每年有10人會獲得醫療奉獻獎。神父們犧牲奉獻的事蹟與傳愛服務，榮獲多項醫療奉獻獎，聖母醫院應該是得獎最多的醫院。2017年12月26日為畢生奉獻給宜蘭的神父們致敬，羅東聖母醫院「呂若瑟等6位神父及修士」，獲頒中華民國身分證。

　　80歲的呂若瑟神父來台55年已是道地台灣人，這位一生守護弱勢的天主牧羊人、看見每個生命的價值、站窮困者身邊的神父，堅持做別人不做的事情，其犧牲奉獻的精神深受肯定，榮獲2020年第三屆「保生醫療奉獻獎」。

防疫成就深受國際肯定

　　台灣防疫成就深受國際肯定，從 2003 年記取 SARS 經驗，醫策會對醫院每四年有一次評鑑、衛生局每年一次感染控制醫政督考，以及衛生福利部疾病管制署訂定大方向，持續監測醫療院所、診所及社區據點等感控的工作，已落實於日常的工作之中。

　　羅東聖母醫院面對 COVID-19 制定對策，配合中央疫情指揮中心，成立了「疫情應變小組」，由本人擔任召集人，召集醫療、護理、行政及感控室等主管，每天早上 8 點 10 分準時在院長室召開應變會議，擬定相關應變及配合措施，以維護安全的醫院醫療照護環境。配合衛生福利部疾病管制署的政令布達，醫院配合落實執行在急診室旁停車場設置「戶外發燒篩檢站」、設置防疫病房分倉分流、桌上型演練、院區門禁管制措施、採取相關探病、陪病措施管控，同時成立體溫監測小組嚴格執行「FTOCC」機制，確實詢問並記錄旅遊史（Travel History）、職業界別（Occupation）、接觸史（Contact History）及是否羣聚（Cluster）等資訊，並遵循相關感染管制措施，及時採取適當的隔離防護措施，以及在入口處架設紅外線體溫監測儀執行進出口管制，監控進入院區病患家屬體溫及佩戴口罩，希望全體同仁齊心合力共同奮戰，讓台灣安全渡過疫情的危機。

聖母醫院落實執行各種防疫措施，保障民眾安全。

前楊署長的一封信

　　前楊志良署長説：「吃人一口，還人一斗；還不了一斗，還一碗也是心意；如果連一碗都還不起，還半口總可以吧！這才是台灣人知恩圖報的人情義理。」

　　意大利疫情嚴重，台灣曾受人無私的幫助，是時候有恩報恩了。遂發起集資 1,100 萬，購買並贈送 10 萬個 N95 口罩給意大利醫療單位。當然，比起他們照顧台灣偏遠民眾超過半世紀的付出，這遠不及千百分之一，僅能算是略盡棉薄之力而已。行善本應不欲人知，但受疫情影響，大家多有財務困難，我只好高調拋磚引玉，捐出廿萬，算是還了大鬍子（澎湖惠民醫院院長何義士修士）的一口紅酒。

為意大利祈禱募款

由羅東聖母醫院發出求救信，2020 年 4 月 1 日受理捐款，累積 5 天超過 2,500 筆善款湧入，給意大利的捐款 6 天突破 1.5 億，緊急停止募款，捐款真的太多了，台灣人趕着「報恩」，讓意籍呂若瑟神父很感動，神父謝謝台灣。

募款期間，物資包括口罩、手套及防護衣等的捐贈源源不絕，許多台灣的機構也深受感動，滿滿的愛心、物資很多，有送午餐、飲料及防疫物資等等，感謝醫護人員的辛勞。

愛心啟航

感謝台灣鄉親以及來自世界各地台灣鄉親的愛，希望透過我們轉交給意大利的善款和物資，竟源源不斷而來，金額、數量都龐大到讓我們驚訝，針對必要醫療物資採購的部分，在不違背政府法規的原則下，我們已展開相關採辦作業。另外，在本地採購有困難、緩不濟急，或是屬於管制出口品項的，我們就會提列清單，請世界各地的靈醫會教會系統協助蒐集。此外，還值得一提的是，這段期間，已經有不少在海外設廠的台商，表達了可以增產相關物資就近支援意大利了，譬如呼吸器等。

在防疫物資出口上，我們也碰到不少困難，感謝一路幫忙的每一位好朋友、團體，還有外交部、經濟部、衛福部等政府部

門的協助，我們才能克服種種困難讓物資順利抵達，首批本地捐贈物資溫暖「啟航」了，一箱箱打包印有「Love from Taiwan」的物資，集結了每一位捐款人、每個團體無分宗教的愛，「送愛意大利」──載滿愛的專車準備出發啟航了，但每一批由本地或海外出發的物資，我們總是掛心着，從物資出口報關的各項準備、何時抵達、抵達後的清關⋯⋯直到神父、修女及工作人員收到物資，我們的心才真正放下。

一箱箱印有「Love from Taiwan」的物資送抵意大利。

寄發的物資已陸續抵達意大利，配送到醫院、養老院，意國神父、修女及工作人員收到物資十分感動，紛紛傳來「感謝台灣、感謝天主」的照片，看到照片的當下，我們放下心也流下淚⋯⋯滿滿的溫暖與感恩。一願光榮歸於天主，祂能照祂在我們身上所發揮的德能，成就一切，遠超我們所求所想的。（厄弗所書三：20）

醫護資源分配

疫症下的西班牙

西班牙基層醫療醫生
Dr. Luis Carrascal Garcia

回顧今年 2 月份下旬至 3 月初，疫情對意大利的打擊比歐盟其他任何地方都要嚴重。在 3 月初，意大利的感染人數超過 2,000 人。當時，意大利政府將意大利劃分為 4 個活動限制程度不同的區域。西班牙採取的首要措施之一，是取消在巴塞隆拿舉行的世界移動通訊大會。當時，我正在處理一個有 3 名成員出現發燒徵狀的家庭，他們都曾與新冠狀病毒患者接觸。同時，醫院內有實習生在沒有保護措施的情況下，照顧了一名確診新冠狀病毒病人，需要被隔離。但醫護人員仍然在沒有任何防護下面對可疑患者，這種做法當然提高了受感染的風險。 此時，所有科學會議亦已取消。

西班牙疫情初期

即使有中國和意大利的先例，西班牙對新冠狀病毒懷疑病例的定義是，曾與新冠狀病毒呈陽性的病者有緊密接觸的個案。

當時有許多醫生提出，該病毒也許在 2 月份已經開始活躍，只是未被發現，所以社區已經有了傳播鏈。據說冠狀病毒就像流感一樣，會隨着天氣變暖而消失。但現實情況並不如是，它比流感更厲害，具有更複雜及極強的傳染性，是從未經驗過的。起初會有像流感的發燒症狀，類似單核細胞增多症的爆炸性炎症反應，主要針對肺部，然後會有凝血病徵、持續發燒和流感症狀的趨勢，這種趨勢可能會持續數周。患者可能有呼吸困難和極度疲乏的症狀。當時只知這種病毒具有極強的傳染性，可以致命，致命率可達 5 至 10%，而高危的羣組包括長者、男性和合併症病者。最糟糕的是，還沒有治療方案。令人感到遺憾的是，許多醫生和公民認為政府的衛生局忽視了其嚴重性。

2 月份發生的事件，是自 HIV 爆發以來最嚴重的衛生緊急情況。在新冠狀病毒爆發期間，曾舉辦婦女節慶祝活動、利物浦足球比賽和政黨會議等，形成大量病毒傳播的途徑。當時我所駐診的醫院，只有一個特別辦公室來處理可疑病症，醫院入口處並沒有分類處理。而醫院內幾乎沒有防護設備及檢測新冠狀病毒的套件，因此醫護人員開始使用自己的手術口罩進行自我保護，有時需要自行在外購買。對於普羅大眾，政府並沒有明確的指示和建議，只提示生病的人佩戴口罩。後來才建議大家在乘搭公共交通時佩戴口罩；最後才規定乘客在整個公共交通網絡中佩戴口罩。

西班牙政府規定乘客乘搭地鐵必須佩戴口罩，巴士上亦有
提示乘客佩戴口罩，以及開啟窗戶，保持空氣流通。

直到 3 月中，才發現各年齡組別都有很多發燒病例，有些很嚴重。此時，公共衛生體系開始崩潰，診所和醫院變得非常擁擠。於是政府採取了隔離措施，馬德里所有學校、旅館、餐館和酒吧都關閉，政府宣布從 3 月 14 日開始對所有國家入境人士，都必須進行 14 天隔離。

疫情下醫院及醫務人員的情況

每個人都應該戴口罩作為防禦，這種做法可以減少疾病的傳播，可是當時口罩頓時賣光了。醫院亦出現了物資短缺的情況；所有非緊急預約或手術都被延期或取消。醫院內處於最高度戒備狀態，於入口處進行病症分類，在緊急的狀態下，暫停進行現場或面對面的看診，僅在必要時允許患者進入。醫生輪流在新冠狀病毒區域使用個人防護設備，當時亦沒有冠狀病毒核酸檢測

試劑盒。《紐約時報》以標題「西班牙的醫護人員如何在沒有保護的環境與新冠狀病毒搏鬥」作報道。[1] 在與新冠狀病毒的戰鬥中，醫護人員沒有足夠的「武器」，只靠觀察患者的表面症狀、胸部 X 光片及脈搏血氧儀等。重症個案被轉送到醫院，輕症病者則被容許回家隔離。

由於醫護人員承受着巨大壓力，很多人開始產生創傷後壓力症的症狀。一方面要應付繁重及不能放下的工作，而另一方面沒有人來替代被感染的醫生。在防疫物資的短缺情況下，醫生有時要用自己的方法與護士一起輪流使用個人防護設備，去面對受新冠狀病毒感染的病人。擔心被感染之餘，更擔心將病毒傳播給自己家人。根據歐洲疾控中心（European Centre for Disease Prevention and Control，ECDC）4 月 23 日的報告，西班牙是前線醫護人員確診感染新冠肺炎人數最多的國家。前線醫護人員確診人數高達 37,000 人，是總確診人數的 20%。[2]

對我而言，這經歷猶如噩夢，壓力令我出現胸痛，呼吸異常等症狀。有些醫生因無法治療這新疫症而感到無奈沮喪。這種感覺就像在戰場上捱打，而毫無還擊之力。在這情況下，我們如何克服，並且沒有放棄呢？我們靠着緊記醫務人員的職責與義務，就是維護人的健康來捱過去。我們覺得自己已變成這場新的戰爭中的唯一士兵。眼見人們失去工作、健康、家庭，甚至一切，他們極需要幫助。我們作為醫務人員只能對自己說：「我

們需要繼續工作，直到我們的身體說足夠，或直到我們生病為止。」以作鼓勵。

第一波疫情爆發過程

在第一波新冠狀病毒爆發期間，馬德里的會議中心（IFEMA）於 3 月底被改建成為臨時醫院，它擁有 5,000 多個床位。馬德里的「冰宮」（Palacio de Hielo）—— 一個在商場裏的溜冰場被政府徵用作為臨時停屍間。所有醫務人員的放假申請均被取消，要輪流在周六或周日上班。大多數大型醫院都設置戶外醫療間。世衛組織以西班牙的封城措施為例，讚賞市民嚴格遵守，我認為西班牙人的反應是勇毅的。

後來，馬德里「冰宮」的停屍間於 4 月中關閉，IFEMA 這所臨時醫院亦在 5 月初治療了合共 4,000 名新冠狀病毒患者後關閉。在西班牙的一些地區開始階段性取消約束，在不同地區以不同的階段放寬公民活動。到 6 月底，共有約 27 萬人受感染，約2.8 萬人死亡。經過 99 天的封鎖，西班牙政府於 6 月 21 日結束了緊急狀態。

改變衛生習慣

繁忙的街道頓時變得寧靜，公共區域例如公園限制進入。

新冠狀病毒的第一波爆發，確實改變了人民的生活方式。佩戴口罩、洗手、消毒等成為日常生活中的新常態；為了安全起見，人們開始保持社交距離；並且盡量減少使用現金，而以信用卡作付款。6 月底，西班牙人民在隔離方面已做得相當不錯，為控制這種流行病毒，作出了巨大努力。此時，整個西班牙所錄得的每天新病例亦降至 100 至 200 宗。同時，醫院有足夠的冠狀病毒核酸檢測試劑盒和快速的抗體測試。沒有對血液進行 IgM 或 IgG 定量，因為它沒有標準化。因此，在 6 月底和 7 月初西班牙似乎控制了局勢。

第二波疫情爆發

但好景不常，當西班牙解封，人們恢復社交活動不久，第二波疫情亦來襲。7 月下旬，醫護人員的壓力再次增加，醫生們已經筋疲力盡了。大多數醫生本來應該休假，但找不到替代人，因此工作量增加了。很多新增的確診個案涉及沒有佩戴保護裝備而聚集的年輕人。可喜的是，在解封後，處於高危的長者獲得了更多保護。我認為日後若有疫苗可供接種，應先給予長者，然後是醫護人員，接着是普羅大眾。

不幸中的大幸是，在第二波爆發中，危重的個案較少，但確診數目之多，就讓人有回到疫症開始時的感覺。馬德里甚至在 7 月 28 日頒布法令，要求在室外強制佩戴口罩。踏入 8 月，

馬德里新確診數目與 4 月相近，衛生部下令關閉晚間的娛樂場所，限制開放旅館和餐館，並禁止在公共地方吸煙。

西班牙在 8 月份再次被列入全球感染最多國家的前十名，而且數量目極高。在 9 月 4 日，單日有超過一萬名新增感染者，及 184 人死亡。在第二波浪潮中，西班牙人擔心學校的新學年；醫生開始抱怨缺乏追蹤接觸者的措施，及額外的醫護人員。經過 6 個月的戰鬥，基本護理已面臨崩潰。這種流行病令西班牙國家的公共衛生系統超出飽和。醫護人員正考慮罷工來敦促當局，給予足夠的醫療支援和更好的工作環境。

教會應對疫情

至於宗教團體對新冠狀病毒爆發的反應，天主教教會是最早對冠狀病毒作出反應的團體之一。因為在 2 月疫情爆發初期，彌撒中的互祝平安禮已被取消；聖堂已開始採取措施保持社交距離，並停止緊密接觸如握手、傾談等。在封鎖期間，天主教教會亦暫停慶祝彌撒。

此外，所有教會的慈善機構都幫助有需要的家庭，有失去工作的人士在教區的機構工作。馬德里的天主教徒回應也是慷慨的，雖然沒有在頭條新聞中看到相關的報道，但所有慈善機構都在天主教的領導下運作，為失業的家庭提供食物，照顧了很多

弱小的兄弟姊妹。這是衛生系統無法提供的服務及照顧。在慰藉及精神上支持垂死和喪親者方面，很多心理學家出來支援患者及其家屬。很多身亡者沒有葬禮，甚至死前也無法與家人告別，為防將病毒傳染給親友。天主教會的團體及其信徒亦對這些家庭提供了莫大的支持。

很多醫生都擔心感染個案會在短期內增多，他們的擔憂是基於以下的考慮：當學校恢復上課，學生再次聚集，感染的風險將增加。如有了來自學校的新個案，孩子受到感染，父母亦會受到影響，醫護人員也將要全面崩潰。商業和社會需要與新冠狀病毒共存，好使其能繼續進行某些活動，以避免經濟損失。即將到來的秋季和冬季，將為西班牙帶來寒冷的天氣，這會大大增加混淆新冠狀病毒症狀與流行性感冒症狀的機會，而大多數嚴重的共病症亦會在秋季和冬季發生。基於上述的種種因素，許多醫生都預計第三波疫情會在 12 月爆發，而這一波會來得更嚴重。

港人在西班牙看疫情：Dr Carrascal's 太太的分享

還記得 2020 年 1 月，香港及其他亞洲地區出現市民搶購口罩、搓手液、清潔用品及廁紙時，西班牙人仍然處之泰然，繼續過着「今朝有酒今朝醉」的生活，完全沒有把外面世界發生的事放在心上。

當時身在馬德里的我，看到亞洲正在爆發着這個不明來歷的 COVID-19 時，已經多次提醒我那當前線醫生的丈夫：「這個疫情完全是 2003 年沙士的翻版！」西班牙的醫生及護士一直沒有佩戴口罩的習慣，甚至在診所也不會佩戴，所以我份外擔心。2 月中意大利開始出現大規模感染時，我已心感不妙，亦「勒令」我那在政府診所上班的先生一定要佩戴口罩及眼鏡上班，我說：「就算同事唔戴，你都要戴！」我要求他每天下班回家，必須在門口脱掉所有衣物及隨身用品，立即去浴室洗澡，才能與我和女兒擁抱，幸好他都一一照做；要知道傳統西班牙人對清潔衛生問題一向都不太上心！

　　3 月至 5 月期間，對西班牙人可説是有着前所未有的衝擊、壓力和沮喪……我丈夫的家人、醫生朋友及鄰居完全感到徹底的無助，不知如何去面對及防疫；那段時期醫療物資十分短缺，幸好在香港的朋友寄了很多 N95 及外科醫學口罩給我，讓我與他們分享。

　　我時常跟我先生分享香港經歷沙士的經驗，但對於遠在歐洲的他們來説，沙士實在離他們太遠。3 月 13 日，西班牙政府宣布國家進入緊急狀態；過了 10 天，當我們從新聞報道看見那個我們經常去、在我們家附近的一個商場，裏面的大型溜冰場竟然被政府改建成臨時停屍間……那一刻，我和丈夫都無言以對，死亡彷彿與我們很接近。朋友紛紛致電給我，叮囑我們千萬不要

再去這個商場，當時只能做的就是不斷祈禱，希望天主快些讓這場世紀災難完結，所有人可以回復正常生活。此外，因為殯葬服務已經負荷不了，所以家人亦不能為亡者舉行喪禮，只可由神父舉行集體殯葬禮，而家人亦只能在遠處送別亡者最後一程。

一個在商場裏的溜冰場改造成臨時停屍間，附近的居民都不敢去這個商場。

而在家中，我不斷擔當一個輔導員的角色，鼓勵、支持及開解我另一半、其父母及姐姐，提醒他們要不斷注意衛生及戴口罩。3、4月高峰期時，我丈夫連假期及周末都要回診所，用電話、出勤去病人家診症，及輪流為疑似 COVID-19 病人做檢查等等。當他上班時，我就祈禱及唸玫瑰經，希望天主及聖母媽媽護佑他，賜他智慧及體力去打這場硬仗。

經過數個月的抗疫，西班牙人開始改善了他們的生活態度，特別是個人衛生方面。現在，醫院、地鐵、超市、商場及餐廳等等的公眾地方，都會有消毒搓手液、透明膠手套供給大家使用，亦有工作人員不斷清潔地方。這些都是我們以前從未見過，是很值得人欣賞的。

超市有消毒搓手液、透明膠手套供大眾使用。

唯一慶幸的是，暫時沒有被 COVID-19 奪走我的家人或朋友的生命，所以我時常提醒我先生要時時刻刻都感謝天主，因為我們現在擁有的一切都不是理所當然的。

最後，我也希望藉着這一次的分享，紀念於這段時期，因無數壓力及焦慮而離開我們，回到天父懷裏的……我那肚內的小生命。

Dr. Carrascal 夫婦及其女兒。

—— 備註

1　Ainara Tiefenthäier, "'Health Care Kamikazes': How Spain's Workers Are Battling Coronavirus, Unprotected", *The New York Times*, 2020 年 3 月 30 日，網站：https://www.nytimes.com/video/world/europe/100000007051789/coronavirus-ppe-shortage-health-care-workers.html（最後參閱日期：2020 年 10 月 6 日）

2　Alyssa McMurtry, "Spain: Healthcare workers protest, deaths top 23,500", *Anadolu Agency*, 2020 年 4 月 27 日，網站：https://www.aa.com.tr/en/world/spain-healthcare-workers-protest-deaths-top-23-500-/1819904（最後參閱日期：2020 年 10 月 6 日）

前線醫生
看醫護資源分配

天主教醫生協會會長
霍靖醫生

我是天主教醫生協會主席，天主教醫生協會成立於1953年，是一個由醫生組成的團體，大家有共同天主教信仰，冀能在不同科、不同工作崗位中活出信仰。協會也希望能推廣生命倫理，我們當中有醫生對這方面很有研究和興趣。天主教香港教區如需要醫療意見、支援，我們也樂意協助，歡迎有天主教信仰的醫生們加入。至於我的現職，是醫管局普通科門診醫生，以下是我以前線醫生身分，分享對「醫護資源分配」的看法。

什麼是「醫護資源」？

「醫護資源」可包括資金、原材料、設施、人手等各方面，可以由宏觀、微觀去思考分配的問題。

政府財政收入多少？投放資金在社會上什麼範疇？可撥作醫護資源開支有多少？本身就是資源分配的過程，過程中經過很

多政府部門、高層去考慮，十分複雜。當政府有一筆資金撥作醫療開支，香港最大的醫療機構醫管局便會受惠，醫管局內分 7 個聯網，聯網中有不同的醫院，醫院內再有很多科，例如內科、外科、骨科、家庭醫藥科、兒科，那又怎樣分配呢？全部一式過平均分配，又是否公平呢？如果不是平均分配，又以什麼作分配準則呢？分配資源是很複雜的問題，過程中要逐步討論和執行。

最近新冠狀肺炎疫情下，口罩供應十分短缺，不是有錢便可以買得到口罩，還需要生產。原材料例如熔噴布、防水布，還要有機器等，這些原材料不一定用來生產口罩，其實也可以有其他用途。那麼決定用多少原材料來生產口罩，是涉及資源分配的問題。甚至原材料如水泥，本來是可以用來建房屋給人居住，但也可以用來建醫院，於是水泥的運用也可以影響到醫護資源。

資源也包括設施方面，在疫情下，化驗所運作需要機器，化驗需要時間，有多少台機器會影響化驗的能力。當實驗室被用作大量化驗新冠狀肺炎時，例如蔡堅醫生所提及，希望每天可以支援化驗數千個樣本，但因為設施有限，實驗室便要減少或停止作其他化驗。病床、呼吸機等也是設施，其實也是有限，都要研究怎樣分配？分配給誰使用？

人手分配方面，現在醫管局有 6,000 至 7,000 名醫生，在有疫情和沒有疫情時，人手的分配有什麼分別？內科和外科手術醫

生人手又應如何分配呢？ 30,000 名護士又怎樣分配到不同地方當值？這都是需要考慮的資源分配問題。

　　資源分配是一層一層的問題，可以宏觀，但也可以微觀。例如一般半天門診是 4 小時，醫生可以接見 30 至 40 多位病人，如接見 40 位病人，平均約數分鐘一位；但如果只是 30 位病人時，每一位得到的醫療照顧又可以多些。

資源不是無限

　　資源分配之所以令人煩惱，就是因為資源是有限，不是無限。怎樣把資源分配得好，就是將有限的資源作「合理運用」。合理運用要有多重考慮，例如公平性和較功利的整體最大得益。

「垂直公平」和「水平公平」

　　公平可分為「垂直公平」和「水平公平」兩類。垂直公平可以形容為一條直線，垂直的意思是在這條直線上不同需要的人，都應該得到不同的資源待遇。相反，水平公平是一條橫線，同一類人應該得到相同的資源待遇。兩者沒有衝突，但可以是不同的事情。

「先到先得」是否公平？

　　普通科門診籌額是有限的，而電話預約服務，一般人接受先到先得方式是公平。較嚴重的例子如器官移植，因為很多人需要等待器官移植，也需要排隊。但先到先得只是其中一個方式，我們還有其他考慮，例如「病情」。病情嚴重者在醫護倫理上，會得到優先考慮，在先到先得大原則下，可能會造成不公平，因為有些人會因此久等了。這在急症室的情況也一樣，有病人要排隊等 4、5 小時甚至一整晚，但病情嚴重的會優先得到診治。

整體最大收益

　　一些較稀有的病例，例如肌肉萎縮症，當某一款昂貴藥物可以幫助到病情，於是有人去信特首林鄭月娥，要求把相關藥物撥入醫管局藥物名冊。但資源是有限的，人人應該都有接受醫療的機會，先照顧稀有病不一定公平，這會令其他病人分得到的資源減少，不符合「整體最大收益」。

　　因此，在分配資源上，還得要有其他考量，例如存活率和職業因素。有一個概念叫做 QALY（Quality Adjusted Life Years），中文為「生活品質調整之後的年數」。簡單來說，不只是衡量痊癒之後的年數，還有生活質素。其實這是一種很複雜的計算，可以用來評估病人是否值得選擇治療，當中也涉及倫理的爭議，難

分對錯。而在有限資源下，如果出現相同情況的病人爭奪資源，最終可能要用抽籤方式決定，「抽籤」又變成另一種公平。

職業因素

假設在新冠肺炎時期有兩個受感染者，但只剩下一部呼吸機。其中一名受感染者是醫生，他處理新冠肺炎病人成功率很高，而另一個病人也感染了，兩人存活率差不多。又或者醫生的存活率雖然較低，但因為如果醫生痊癒了，就可以醫治到更多新冠肺炎病人，所以呼吸機就給醫生用了。所以投放資源給誰，職業是其中一個考慮因素。

不同國家也面對有限資源需有效分配的情況，例如美國疫情嚴重，因為沒有足夠資源為每個人化驗，所以也牽涉到上述提及的病情、嚴重性等因素。希望我簡單的分析，有助大家明白現實考慮的複雜性。

醫護資源分配現況

以下我再以普通科門診醫生的身分，讓大家知道新冠肺炎疫情中面對的醫護資源分配的現況。

在人手方面，因為疫情，要在診所設立「分流站」，由病人服務助理或護士負責在入口處為進入診所人士分流，問一些簡單問題，務求以最短時間分辨出高風險人士和低風險人士。因為最初我們不清楚新冠肺炎有多嚴重，多做一些可以有較大保障。而助理擔任了分流工作，為保障病人就不可以再混進其他地方工作，換言之，其他原先工作的人手一定減少了，病人等候的時間也較長。

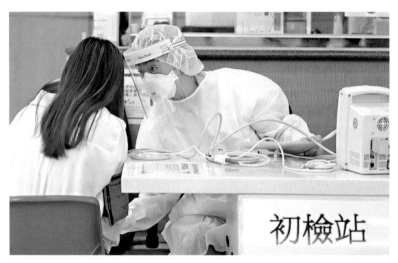

於急症室分流站的醫護站在最前線，近距離詢問求診者的接觸史及為他們量體溫及血壓。
（《明報》資料圖片）

護士的情況也一樣，當人手分配在分流站負責判斷病人是否嚴重，可能要替病人做詳細問卷。護士本來有其他工作，例如處理傷口，向糖尿病病人詳細解釋，現在因為少了人手，於是做

少了，也令病人得不到原先的服務。當中又牽涉公平問題，例如安排哪一位同事去做，才算公平？準則是什麼？

在分流站向病人問多少問題，也令人煩惱。提問多一點可以掌握多些資料，有助分流更仔細，但時間用多了，排隊輪候的人更多，因而變得越來越不耐煩。其實醫護在分流站認真工作，不是要保護醫護，而是要保障診所裏其他病人。香港目前沒有人在門診染病，是和醫護在分流站十分認真工作有關。

發燒診症室

醫院有負壓病房，門診也有負壓診症室，亦即「發燒診症室」。正常一個房間，負壓的意思就是氣流只會進去，不會出來。好處是如果病人是屬於高風險人士，例如不斷咳嗽，那些氣流就不會流到外面去。但分配哪一個醫生去發燒診症室才公平呢？在發燒診症室工作並不簡單，不論穿上或脫下全副裝備都要有程序，用很多時間，每一步驟都要洗手或用酒精搓手液消毒，並要在特定地方。當醫護多用了時間在穿卸裝備上，服務其他病人的時間就減少了。

免診取藥

「免診取藥」就是當疫情嚴重時，病人擔心易受感染，於是

有長期病患的不用來看診，家人給他取藥就可以了。醫生在沒有評估過病人情況下直接開藥，是憑什麼判斷呢？在醫護倫理中，醫生要尊重病人的自主權，但不停免診取藥真的有為病人好處嗎？一切考慮也具爭議性。

疫情中，慢性病的病人會擔心門診履診易受感染，選擇免診取藥，但如果履診期延長到 6 個月，糖尿、血壓病情可能惡化，我們如何在資源分配上照顧這批病人？最簡單的方法是，醫生翻看最後一次接見病人紀錄，如果向來情況穩定的，驗血報告也正常，就放心給病人免診取藥。否則，醫生要向病人分析病情，解釋當中的疑慮和風險，堅持病人要定期履診。

醫院設施限制

一般醫院設計上已經有負壓診症室、候診室。醫院門診地方是有限的，病人候診時通常都是聚集在一起，而疫情中更要高技巧地安排候診者在登記和候診時，兩條人龍中保持社交距離。至於住院病床、呼吸機的調派安排，都是複雜的考慮，在此我不作詳細解釋。

總結而言，今天的分享是從一個前線醫生的角度，給大家了解醫護資源分配的問題。很感恩目前香港還沒有去到很極端的情況，而有些服務因為病人擔心疫情便不來看診，變相騰出空間

人手給我們分配資源。當然由源頭解決問題，才不會導致整個醫療體系出現「爆煲」的現象。如果真的不幸有極端的情況出現，資源分配涉及很多考慮，誰生誰死，不是由醫生或個別人士去做決定。

醫護資源分配的倫理考慮

中大生命倫理學中心總監
區結成醫生

面對 2019 冠狀病毒疫症的大流行，我在醫院管理局的臨床倫理委員會中，也有機會與醫護同工討論有關醫療配置或分配的問題。除了探究具體的現場情況，我會從較思考性的方面探討。

在這課題上，首先要釐清一些重要名詞。在「資源配置」（Resource Allocation）方面，往往會分成兩層或者三層來說，兩層是指「宏觀配置」（Macro-Allocation）及「微觀配置」（Micro-Allocation），中間加上一層「中層配置」（Meso-Allocation）就成了三層。例如「醫院」在這個分層裏，它不是最宏觀的，不是整個的醫療系統，但也不是臨床診治那般的微觀，它正屬於中層的醫療配置。

不同層次的醫療資源配置

這簡單的分類相當有用，因為許多時候，當我們談及資源

配置，很快進入到一些具體的範圍和題目中討論，很容易忘記了在不同的層次，都會發生種種醫療資源配置的問題。在宏觀方面，例如在我們熟悉的香港，為了打這一場仗，整體迅速地暫停了一些非緊急的手術、檢查和服務，這其實是宏觀配置的問題。若要進一步思考，如何在不同地方調動人員，適當地把人手編配到更需要的地方，那便是介乎宏觀與中層之間的考慮，它既不是一個最高的層次，但亦牽涉了一些在中層的人力資源問題。

作為醫者，我們較為熟悉的大多是關於微觀層次。根據我的經驗，無論所屬哪一個專科，或當時是否爆發大流行疫症等，我們時刻都正在微觀層次考量。我在醫院管理局的第一份工作是任職精神科的，一開始便察覺到不夠時間與每一位精神科病人關顧問診，奈何人手不足逼使一個上午接見 20 至 25 個覆診舊症，因此我必須分配好診症時間，哪一個病人需要多一點、哪一個可以少一點，這種就是微觀配置。

在社會學術界中，分成「顯性」（Explicit）和「隱性」（Implicit）的分配。「顯性」即是有指引的、有配給的程序、有公開的討論或內部的討論、把準則列得清楚透徹。上述以我的經驗為例則是「隱性」的，一個醫生分多一點時間給某病人，分少一點給另外一個，在這行為中，病人並不知道我如何分配，這便是隱性了。有時候宏觀的東西也是隱性的，例如門診普通科可能遭受了某些配置上的問題，它確實是犧牲了某些東西，只不過沒

有人特別去提及，因此界定為隱性罷。

優次編配和配給

我們所討論的題目中有兩個名詞，往往被人混為一談：「優次編配」（Prioritisation）和「配給」（Rationing），但兩者確有區別。我們比較多談及「優次編配」，例如如何編配在急症室中的病人，哪個先得到診治，哪個隨後等等；又例如當要轉介病人到專科門診時，究竟應該安排輪候緊急的隊伍，還是普通的隊伍，這些都是優次編配的範疇。在病房的日常工作中，也會見到這一類的優次編配。所謂「配給」，雖然有人很寬鬆地運用，但嚴謹的用法是要運用在緊絀資源的處境裏，必須要有某些人很難得到有關服務或資源。「Rationing」的傳統中譯是「配給」，這裏刻意加上引號，是因為有些人不太喜歡這一個譯法，認為會令人想起過往中國或第二次世界大戰時，食糧物資配給的慘況。其實，現今的西班牙或者意大利，他們正在運用「配給」，不是用排隊的方式，排先後次序，而是當一些人需要呼吸機時，由於整體情況非常緊張，導致某些人可能得不到，或者很少機會得到這項治療。假如不想運用「配給」這強硬的詞，説成「緊絀的資源分配」亦算合適。

公平不等同平均分配

至於「公平」（Equitable），並不等同於平均或平等（Equal）分配。「公平」這個概念，在醫療倫理和公共衛生上都是常用的。把物資平均分配，使得每一個人都分得相等的一份，並不就等於公平。在醫療的層面，有些人的病情較為嚴重，那麼，大家都認為他應該得到多一點的服務。正如有些病人需要深切治療部（ICU）服務，有些人只需要入住普通病房，因為他們的情況不一樣，我們不可說成，如安排每位病者都輪流入住深切治療部就是最公平的做法。所以「公平」，在分配資源方面是一個較重要的核心概念。

有關 2019 冠狀病毒疫症的討論，在美國比較多，歐洲亦有；她們假設國家的疫情，若到了意大利或西班牙在 3 至 4 月間那麼緊張和危急時，該如何分配資源呢？綜觀眾多討論，無論如何應該盡量避免「分類排除」（Categorical Exclusion），即是說某類別的人全部都不可以得到服務，例如在緊急的情況，凡是 75 歲或以上者一律不救。事實上，當某長者病危時，也許會因為年老體弱，使得他罹患疾病的預後（Prognosis）並不樂觀，加上較多共發的病症和嚴重疾病，的確在臨床判斷上，他是較少機會得到深切治療，或者在決定配置呼吸機時比較嚴謹，然而，這個別例子並非分類排除。

相反，曾經在美國有所討論，一些人利用效用主義或功利主義的哲學，提倡在危急之時，一律不容許認知障礙症病者使用呼吸機。那麼，如果再三推論，那些院舍長者，他們不能起床，則一律不會得到急救，這正是分類排除的例子。因此再三強調，當考慮分配問題時，要是把一整類別的人粗糙地一刀切割排除，便可能引起對年齡歧視、殘疾歧視，或其他歧視等問題。另外，不應該有「完全放棄」（Total Abandonment）的取態。即使未能為病人分配危重症治療，也未能為他提供呼吸機，並不等於無視他，把他視之不顧，我們可為他提供其他治療方案，包括使用紓緩治療（Palliative Care）。

健康效益最大化

雖然在日常臨床工作中較少提及「健康效益的最大化」（Maximisation of Health Benefit），但在疫症大流行的情況下，則有較多考慮。這個也不是新發明的，它是公共衛生裏的一個重要概念。簡單來說，我們日常為病人診症時，着眼點會放在眼前的病人身上，醫生會判斷病人是否需要多花時間去照料，總是一心一意診治，不會認為對他的會診是浪費時間。不過，按上述所及在精神科工作的經驗，於資源緊張時，醫生可能會掙扎如何把資源分配，使一方面能盡自己的專業責任照顧眼前的病人，亦同時公平地對待那些未得到或正等待得到服務的人，這實在也是臨床上的難題。

「最大化」這個概念，與經濟學或醫療經濟學中的一些功利計算概念相類似，因此對某些人來說可能造成不安。假如，某病人需要深切治療的救助，可是醫生卻對他解釋，由於隨後還有 3 個病人需要救治，而且成效機率比他好，以致暫緩為他提供相關醫療，這樣實在令人難以接受。每個人的生命是具體的，要是把生命貶為數字或紙張，與其他病人作比較，絕對難以接受。所以，當「健康效益的最大化」作為一個顯性原則時，要非常小心去操作。必須盡最大的能力，避免因為資源投放給別人，而使某病人失去了獲得益處的機會，這方面會在以下的討論具體說明。

「健康效益」是一個「增量」（Incremental）的概念。假設要為兩位病人，一個 20 歲、另一個 60 歲，考慮為其中一位啟用深切治療服務，於經濟學的概念來說，當然選擇 20 歲的那位，因為他被救治後的存活還有 60 年之久；相對 60 歲的患者可能只得 25 年，得益比較少。其實這種想法過於簡單。因為運用深切治療部的常規邏輯，除了考慮患病者病情之嚴重性外，還會比較個別病人，如果獲得深切治療、或是未能獲得深切治療之差別。對於那個 20 歲的病人，年輕的體質可能使他在沒有深切治療下，使用非入侵性治療（Non-Invasive）也能夠康復。故此，如果選擇為他提供深切治療，實質在健康效益的增量並沒有很大的得益。這個概念在深切治療部及其他地方都可以應用。

實際上，由戰場引申出來的檢傷分類（Triage）正包含着這

概念。正如在災難中，在有限資源的環境下，要考慮首先拯救的，並非只是病情最嚴重或心臟停止跳動的那位，而是衡量個別病人，比較他在獲得救援與不獲得救援後兩種情況，評估對他的結果（Outcome）分別有多大，則能選擇首先救助那位分別較大的、預視得益較多的患者。所以，「增量」其實是一個衡量救或不救、醫或不醫、使用或不使用呼吸機後，所得出的結果分別有多大差距的概念。

疫戰中的資源分配矛盾

釐清以上概念後，讓我們對「醫護資源分配」的問題作更深更廣的理解，雖然很多時候我們都在討論二選一的抉擇，究竟如何選擇拯救哪一位病者呢？但資源分配實在並不僅僅關乎深切治療病床、呼吸機等。事實上，在這樣的一場疫戰中，有更多方面會產生資源分配的矛盾。例如，在個人保護裝備上，如 N95 口罩的供應，香港現時大致上是足夠的，然而也會聽到一些急症室護士提出疑問：「為什麼只有檢傷分類的護士站及某些醫療程序才提供 N95 使用？」毫無疑問整個流程都具有風險，那麼，為什麼不能為整部門的員工提供 N95 呢？

醫管局總行政經理（感染及應急事務）莊慧敏表示，醫管局引入一款
本地製造的納米纖維呼吸器（白色），可作為 N95 呼吸器的替代品。
（《明報》資料圖片）

　　另外，香港在沙士的時候，並沒有一個所謂「負壓隔離病
房」的概念，現在這種病房已有相當足夠之數量，大概有 1,000
多張病床可供使用，但如果疫情發展至意大利或西班牙等規模的
話，必定會產生分配的問題。人力資源也十分重要，必須注重受
過專業培訓的醫生及護士的分配。此外，普通內科病床的分配亦
不能忽視，因為當輕微疑似病人佔用這些病床時，另一方面便會
壓縮了其他症狀的病人獲得適切的住院安排。其他需要分配的資
源，包括對病毒及其他相關的實驗室測試等等，都應妥善安排。

　　對於快將面世的疫苗，值得我們好好思考。如果認為只要
能分配得疫苗接種就是最好，那未免想得太過簡單。研發疫苗的
過程，由製造、測試、其安全性及有效性等程序，是需要時間
的。因此，第一批新推出的疫苗是否已經確切在臨床上證實為安
全？安全是指，當 10 萬人接種後，都不會有一、兩個個案出現

嚴重併發症，如麻痺，甚至癱瘓等。所以，關於疫苗的資源分配，必須平衡安全和效用。同時，該考慮上述所提及之增量效益——哪些人接種疫苗的得益較大？或者怎樣實行的整體策略才能更加有效？小結，在處理醫療分配時，千萬不可狹窄地只停留在對抗 2019 冠狀病毒的階段。因為，隨着疫情緩和，必須盡快研究如何恢復固有的醫療服務，並好好照顧老人院舍中長者的需要。

接着，根據現時已發表的文章與新聞報道概略意大利當地的情況。按當地某醫生報告指，在疫情發展初期，即 2 月底、3 月初時，雖然情況緊張、工作辛苦，但醫院仍然可以妥善處理病人。假如病人的病毒測試證實為陽性，他可以享有適當的治療及照料。隨着來勢洶洶的疫情，只是一間醫院的急症室，每天便要接收 60 至 90 個新症，實在無法按照正常規程應付，特別在倫巴底（Lombardy）地區，即米蘭以東大約 10 公里至 100 公里的範圍，情況最為嚴重，地區內有很多人受到交叉感染，情況非常混亂。醫生護士都同樣染病，一度進入緊急狀態。這個階段，前線醫護對自身安全成疑，感覺很難受。不僅是無法照料新症病人的問題，而且看着重症病人沒有呼吸機支持，死於呼吸困難的過程，難過不已。

臨床合理性

於是，他們開始在學院中進行討論，以跨學院、跨部門的倫理委員會，包括深切治療部、麻醉科、急救及鎮痛處理等等專業人士共同研究。在麻醉科醫生 Dr. Marco Vergano 的領導下，倫理委員會很快判定以傳統方式去編排救援次序是無法解決現局，於是他們便建議在資源緊絀情況下運用「臨床合理性」（Clinical Reasonableness）及「溫和的效用主義」（Soft Utilitarian），作為一個框架去判斷如何處理個案。

這種合理的思路，後來卻遭受嚴厲批評，有指他們是年齡歧視，甚至充當天主，不過這說法其實是斷章取義罷。事實上，如仔細閱讀他們的建議，便知道其內容並沒有提及用年齡作為唯一的判斷因素。而是在情況到最壞時，當所有可以做的都已經做過，便要有一個心理準備，去到某一點，可能真的要為深切治療部設立收症年齡限制——這只是一個終極的可能性——奈何這種為未來鋪路的說法很容易陷入「分類排除」之嫌。另外一個爭議是，某些病人，如虛弱的年長患者需要接受較長的深切治療照料，假設把他的資源讓給另外兩位病人，是否合理？這個困難的問題亦受關注。

因此，原則上除了要考慮臨床上的適當性（Clinical Appropriateness）外，有關資源分配的公平性、分配正義

（Distributive Justice）等都不容忽視。由於前線醫生日常照料病人身同感受，為免除他們心靈上的壓力，建議重要的決策交由別人處理；同時，建議在資源分配上，要顯性地列明。這些原則可供香港或其他地方參考。

另外還有兩項建議。一、「試治期」（A Course of Trial Treatment）。這概念的前提是，當時面對大量有需要的病人，為了作最壞打算及更好的臨床準備，憑着醫生的經驗，會評估這些病例一般需要治療的時間，因此，這是一個有計劃的概念。而入住深切治療部的病人，會試治一段合理時間，再由醫護人員慎重審視其病情發展、最新病狀、對病情的期望、治療目標等等，為病人提供適當的治療。這是為避免讓病人和家人有一個錯誤的理解，以為一但進入深切治療部，那裏便是病人的終點站，醫生會按照合理的專業判斷，當病人無可救治，病情不可逆轉，那麼這深切治療的病床資源可能需要給予其他病人使用。在香港，也有類似的概念稱為「限時試治」（Time-limited Trial），通常在細菌性肺炎病人身上實踐。當處方指定抗生素後，在特定的時限（如一星期）後，如果病情好轉則繼續該治療方針；反之，如病情未有好轉，甚至呈現細菌性休克狀態，那麼勉強繼續用使用同一藥物是不合適的做法。二、適當的紓緩治療（Palliative Care）。當醫生決定要撤去維持生命的治療時，必需要為病人提供適當的紓緩治療。

臨床虛弱等級

再論有關「分類排除」。在英國的國家衛生部（NHS）曾經也討論是否應該在深切治療部推行這種方式，後來放棄了。英國擁有很好的基層醫療系統，她訂立醫院收症規例，稱為「臨床虛弱等級」（Clinical Frailty Scale，CFS）。它是老人醫療沿用的尺規，適用於老年癡呆症及其他老人疾病，評估長者的功能水平。例如長者是否必需長期臥床、是否需要輪椅代步等等。英國的衛生智庫組織 NICE（National Institute for Health and Care Excellence），建議用 CFS 來決定分配醫院病床與否。例如一個需要輪椅代步而患氣促的病人，臨床上有缺氧徵狀，可是經 CFS 評估下，亦盡量不獲安排入院。英國致力保護醫院，她的抗疫三大口號，其中之一就是要維護國家衛生部（Protect NHS），為了避免醫院出現過度負擔，便訂立這個簡單的經驗法則。事實上，這做法很容易站不住腳，因為它會受到殘疾歧視的批評，每一個人的生命價值都是同等重要和珍貴的，實在無法只用單一功能性的尺度把人一刀切分門別類。

在香港，我們也須為極端疫情做好準備，正如意大利及其他外國學者的建議，切勿在不勝負荷時依賴前線醫護作決策，現在也是討論分配原則的時機。當然，那些條文要編寫得靈活，要符合當時情況，實際疫情的嚴重程度等，適切地啟動行政方案。

首先，必須精確地定義「資源分配」正在處理的是什麼問題和處境。假如動用了所有公營及私營醫院的呼吸機也不夠時，問題已屬於全香港的缺乏，這個情況，與一間醫院或一個醫院聯網的缺乏是不同的，因此在不同處境所啟動的方案亦有不同。

考慮倫理法則

另外，必須考慮各個倫理法則，細緻研究並權衡輕重所有相關的準則，使得處理的程序是公平的，並非私相授受或閉門討論算了。此處再強調，避免以年齡或殘疾等作「分類排除」，而「限時試驗」是可以使用的。由於疫情不斷變化，以上種種操作，必須按時再次進行適當的審核和評估，把資源重新編配，減少對病人的影響。

最後，「資源分配」其實從來不只是醫管局或公營醫院的問題，那是全香港共同面對的問題。現時香港欠缺討論的，是究竟在什麼情況下，私營醫療機構應該充當怎樣的角色？其實，作為公民社會的一份子，她們可以主動提出討論和決策，以回應社會需求，而不是被動地作壁上觀，把病人置於不顧。公私營系統各有所長，在危機時，如把大量的非緊急、非冠狀病毒患者有系統地分流到私營醫療機構處理，可有效分擔公營醫院的負擔。因此各資源範疇，包括人力、機器、儀器、病床，甚至醫療開支應否由政府資助等等問題，都應該詳細討論。切記，在危急的情況

下，無論是冠狀病毒患者或非冠狀病毒患者，他們都同樣需要各方面的照料，正如日後所訂的常規準則，不應該側重一方，務求公平地對待所有患病的人。

忠誠的問題

香港大學榮休教授
楊紫芝教授

李大拔教授引言：_疫情下，我們進行了很多與行善原則（Principle of Beneficence）及不傷害原則（Principle of Nonmaleficence）有關的討論，也提到公平或正義原則（Principle of Justice），可能我們亦要想一想有關忠誠（Fidelity）的問題，我們與病者有沒有一份坦誠的關係呢？_

因為這個研討會，讓我有機會重讀一份很重要的 2003 年文件，就是 2003 沙士過後政府成立的一個專家委員會來檢討政府在處理和控制疫症工作的報告，當中有很多重要的建議。中國人常常說前車可鑑，所以這份報告真是相當的重要。今時今日，就算你反對香港政府，你也會同意香港政府應付這次 COVID-19 的疫情做得很好。當然也有不足之處，但整體上都做得很好。比較西班牙和意大利，真的是優劣立見。但那個功勞是不是真的歸醫療界和香港政府呢？不是，他們只是執行者。

從沙士中汲取經驗

在 2003 年沙士之後，政府成立了這個專家委員會。我有幸是其中一位，但我的貢獻很有限。當年專家委員會的主席是錢卓樂爵士（Sir Cyril Chantler）和葛菲雪教授（Sian Griffiths），亦包括現在的紅人中國內地的鍾南山教授，當然也有楊永強。他們很希望找出代罪羔羊，委員會最後就找到最主要的問題是系統的失誤（System Failure），可以說是完全沒有一個系統。人為的錯誤也有，不過不多。大家都知道香港於 1894 年曾有鼠疫，有很多傳染病都曾在香港蔓延。為什麼？因為香港是個中西南北的交通樞紐，香港亦同時是一個很開放的埠，不像越南，甚至澳門那樣少人來往，四方八面都有人來。所以傳染病入侵香港是很普通的事，常常都會發生。

但 2003 年的沙士，很不幸是在毫無先兆下發生，我們完全沒有準備，所以一發生的時候變得手忙腳亂，甚至出現系統失誤。政府當時呢？哪一個有權宣布關閉醫院、關閉口岸？沒有任何法律依循。所以經過那一次，我們就有很多的建議，包括最重要的，成立一個衛生防護中心（CHP，Centre for Health Protection）。現在我們每天都會見到，香港最有名的張竹君醫生，就是衛生防護中心傳染病處的主任。她真的很忙。就算是疫情前她也不是白拿薪水的，她一直都在工作。在沒有疫症的時候，衛生防護中心都有很多工作：例如要預備和內地的溝通。你

知道沙士那一次香港和內地的疫情溝通是怎樣的？廣州那個病人來到香港傳染了我們都不知道，跟中國的溝通是很重要。第二，在公眾教育方面，他們也做了很多。他們會有一些 Dry Run。我們要知道就算沒有疫情，香港醫護人員的負荷能力（Surge Capacity）是怎樣，是不是所有工作都做。更重要是公共衛生的教育，例如呼籲人正確地佩戴口罩。還有，當時有一個建議，但現在還未做得太好的就是協調。今天衛生署和醫管局現有很好的協調機制，但與私立醫院的協調就還未做得很好。所以這次 COVID-19 來襲的時候，香港已經處於準備狀態中，已經預備了迎接這個傳染病，所以我們能應付得那麼快。

衛生防護中心傳染病處主任張竹君醫生（左一）
幾乎每日主持記者會，交代最新疫情。
（《明報》資料圖片）

而上述「系統失誤」的問題，其中一個就是公私營醫院方面的問題，我認為現時確實解決不了，在這件事上各人有各人的考量。政府方面，第一步是香港政府與深圳醫院有一個公私營的合作，讓在內地的香港居民在無法回到香港的情況下可以在深圳

醫院看醫生，這個大家都要讓一步。這是互信的問題，政府要相信私家醫生在使用的政府預算不會比公營醫院多。私家醫生也要作出一點犧牲，就是收取較少的診金。我有很多朋友都在養和醫院工作，假如叫他們二選一，除非是很重要的病，他們都會選擇養和醫院。養和醫院服侍得好，什麼都快，做一個 MRI 即時便可以做到，不用等一年時間。但那個障礙是什麼呢？虧蝕的問題。假如私家醫生和私營醫院的收費很合理的話，大家都寧願找私家醫生看診，未必會到公立去，所以大家都要各行一步才行。

另一方面，教育是很重要的，不可以因為沒有疫情，或是因為疫情過去而鬆懈。我們也看到，放鬆了一點，第三波已經來了。我們要常處於準備狀態中，我們亦要預備接受疫情。雖然上次我們學了很多東西，但這次的 COVID-19 跟沙士是很不一樣的。

記得沙士的時候，確診的病人都是重症，要進深切治療部（ICU）的，死亡率也相當高。很不幸，死的人也比較年輕。醫護人員，就算是醫生也有 5 個死了，學生也有。那段時間，醫療界簡直是風聲鶴唳，非常慘痛，我未試過一年去那麼多喪禮。香港就像是一個死城似的，每一個人都很害怕。今次，多數死亡的是年紀較大的患者，沒有太多的醫護人員感染或死亡，人們就沒有那麼害怕。但我們不是因為患者年紀大，在老人院裏病倒了，就不提供治療，不是這麼簡單，他們真的是抵抗力太弱。所以大

家都感受得到，街上的人都不是那麼懼怕是次疫情。這也歸功於張醫生和她的同事們每天召開記者會，因為沒有了記者會，所有人都會誠惶誠恐地問：「今天怎麼樣？」所以與公眾溝通是很重要的。我們從過往的經驗所學到的，讓我們今天應對得好一點。不同的是，COVID-19 有很多的隱形患者，所以我們會有第二波、第三波、第四波的疫情，我們需要預備得更好。

資源分配的道德考量

至於資源分配，這永遠是一件很難的事，已經有很長遠的歷史，大家讀讀 George Shaw 的 Doctor's Dilemma 便會了解，當時他們只有一劑鏈黴素（Streptomycin）治療肺病，一名是普通病人，而另一名是醫生，那是不是該將那一劑給醫生，而不理會普通人，偏心的話當然會給醫生，但不能夠這樣說；又假如那個病人已經使用呼吸機，你是否把它移除給另一個更需要的病人呢？

在天主教醫生會 50 周年的周刊上，我寫了一篇文章，就在我畢業不久後，其時為五〇年代末，當時我是一個普通醫生，有很多人患小兒麻痹症，很可憐。醫生們看着小朋友和年青人入院後，呼吸不了，便去世，沒有藥可以醫治。那時候瑪麗醫院只得兩個呼吸機，是鐵肺。第一個已經有人使用，第二個則留待下一個入院的人使用。那時候，我的教授是 Prof. McFadzean，他是一個很講道理、很好的教授。當時有一個年輕人入院，他癱瘓的

情況慢慢蔓延到上半身，因此無法呼吸。那時候的我還年輕，沒有想太多，懷着先到先得的想法，便把那個年輕人放進呼吸機中。之後我整整一個星期不能入睡。一想到可能會有另一個小兒麻痺症的病人進來而必須用到呼吸機，而那位年輕人可能快要死亡，到時候是否需要把那個年輕人移走，放那個小兒麻痺症的病人進去呢？當時的我就很困擾，睡不着。

幸好那個年輕人的情況好了起來，並能自行走出醫院，可以將呼吸機留給下一個人使用。那時候教授不是天主教徒，而是一個蘇格蘭長老會的信徒，但他與 Father Cronin 很好朋友，他見我整個星期都悶悶不樂，於是叫我找 Father Cronin 聊天。神父説：「哪個要生哪個要死？這事天主自有安排，人不能作天主。」如果你把一個人放進了呼吸機，然後將他移出，是一件很殘忍的事。因為你給了他希望，關掉呼吸機由他死去是很困難的，所以這些是靠天主決定而非我們決定。

還有一件事，我認為醫生罷工是一件很不道德的事，我們醫生有一份希波克拉底誓詞，若遵守誓言是不可以罷工的，你可以使用很多方法去説服政府，但不可以罷工。我想起 2003 年沙士的時候，對醫護人員來説，那是最美好的時代，那是最糟糕的時代，你走到街上會發現市民都很尊重我們的專業，人們更加自動請纓到 ICU 工作，雖然我們犧牲了很多人，不過人們對我們的專業很是尊敬，我們自己都會説從來沒有為我們的職業感到如此的驕傲。

ICU 接收病人的
原則與道德考量

瑪麗醫院成人深切治療部主管
陳惠明醫生

深切治療（ICU）是一個很冷門的專科，接觸的病人範圍相對較窄，很多人都不知道 ICU 醫生是做什什麼的，所以特別想提出幾點有關 ICU 在 COVID-19 疫情下的功能。

ICU 的情況

COVID-19 爆發到現在，ICU 都不是新聞的中心，我們不是在風眼的位置，沒有人知道 ICU 在疫症下的角色，跟沙士的時候很不同。香港的防備工作做得不錯，整體染病人數不是太多。所以大家感覺好像 ICU 並沒有被使用過似的，這真的是不幸之中的大幸。但是，我們可試想一下最惡劣的情況，感染 COVID-19 的病人很多，像意大利或是美國那麼多，當 ICU 真的爆滿時，我們可以做些什麼呢？我們也有討論過的，但暫時還沒有明確的結論。原則是 ICU 是要搶救嚴重的病人，若果病人的數目大大多於病床的數目，我們傾向照顧更多的病人，那麼部分重症病人我們是照顧不了的，這個情況是可能會出現的，是我們要面對的問題之一。

到那時候，ICU 必然要挑選病人來治療，這是不是不道德呢？不如，我先解釋一般 ICU 是如何接收病人的。我的一位朋友曾這麼笑問我，香港是一個資本主義的社會，香港是不是擁有一個資本主義的醫療系統呢？我答，不是。那朋友追問我是不是一個社會主義的醫療系統呢？我也答不是。香港的醫療系統是一個國營系統。病人在這裏的 ICU 選擇是很少的，ICU 醫生根據一定的原則來分派 ICU 病床予病人。病人自己可不可以挑選住 ICU？基本上是不可以的。

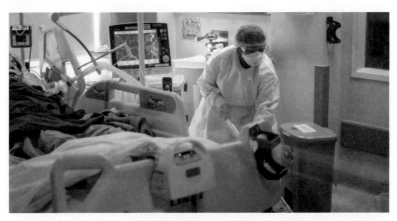

地板及床欄等位置是最主要受病毒污染的地方。在瑪麗醫院成人深切治療部內，運作助理會定時入病房清潔這些位置。
（《明報》資料圖片）

ICU 醫生分派病床的時候，就是根據以下三大原則：病情嚴重性、康復的機會、康復之後的生活質素。嚴重性是很容易評估的，COVID-19 的病人亦很容易評估得到。到目前為止，ICU 都用相同的準則衡量 COVID-19 病人，並沒有搬過龍門。ICU 除了 COVID-19 的病人，也有不是 COVID-19 的病人，ICU 醫生對他們的照顧都是一樣的，沒有因為有 COVID-19 的病人而影響到其他

的病人。的確，有些非緊急手術沒有如期進行。另外要考慮的是康復機會，最初 ICU 醫生不太清楚，現在開始了解到 COVID-19 的康復機率。

至於「臨床衰弱分數」（Clinical Frailty Score，CFS），這評估是頗準確的。COVID-19 爆發以前，CSF 都頗能預計到病人出院之後康復得好不好。基本上，ICU 醫生都是在用同一個工具，所以現在估計康復機會比較準確。現在的問題是，如果 ICU 醫生真的根據 CFS 來分辨的話，病人就不會單純因為年齡而被排除在 ICU 之外，而是因為他們太衰弱。這也關乎到日後生活質素的問題。可能大家都留意到第三波疫情離世的都是一些來自護老院的病人，又例如很多基本疾病、有腦退化的病人。這些病人就算沒有感染 COVID-19，他們在以前，也是 ICU 低優先照顧的病人。

暫時來説，香港的 ICU 沒有因為 COVID-19 而改變衡量標準，ICU 的醫生也討論過，會不會有一套共同的指引呢？我可以很清楚地告訴你，現在是沒有的，因為 ICU 的醫生通常都很有性格，各有自己的想法，大家對病人的生活質素或者康復機會率都會有一點分歧，但較接近的指引可能是 CFS。

至於要評估病人的復康機會，我們如何與病人的家屬溝通呢？我們會先見病人家屬。有些病人年紀很大，住在護老院有嚴重腦退化的，其實你根本不會打算收他進深切治療部，因

為你知道，一方面搶救成功機率太低，而另一方面搶救後他的生活質素也很有限，因為他回到護老院後，慢慢會因其他長期臥床的併發症而去世。所以剩下來的便是「限時試治」（Time-Limited Trial），在深切治療部我們說得清楚，對病人我們是進行一些嘗試性的治療。大部分病人，無論是嚴重肺炎，抑或是COVID-19，若你是用很積極的治療方法，兩三日內你已經可以知道他的情況是向好，還是向壞。

向好的話，問題當然簡單。有一些病人就是這樣，譬如剛才提及年紀較大的病人，初步估計他的死亡率的準確性約有30至40%或更高，一般兩三日後你估計的準確性並不止30至40%，會更高，可以接近80至90%。所以可行的做法是，我們會在病人進入深切治療部前先說明這是一個短時間的觀察。相反，如果在沒有事先說明，給病人使用呼吸機，然後再移除，這便困難得多。但如果他在治療兩三日後衰竭，由呼吸性衰竭變成多氣管衰竭，血壓又不穩定，腎功能又差的話，那時候才與家屬溝通就較困難。在進入深切治療部前與家人溝通是較容易的，前設是一些在灰色地帶的病人，當然需要一個很合適的理由，今天大多數的家屬都可以接受。譬如在護老院爆發的那些個案，我也有這樣與他們的家人說明。其實在視像通話時，即使他們不是醫生，也可以看到病人的神智越來越差，呼吸越來越困難，他們也會明白。所以我認為如果我們可以坦白地溝通，很多問題就會迎刃而解，今時今日是可以做到的。

總括而言，坦誠是非常重要的，如果可以給家屬看到整個情況，對他們而言也是如釋重負。

臨床衰弱分數（CFS）

CFS 將病人分為 9 級，最大關鍵是第 4 和第 5 級，第 4 級的病人還在走路，第 5 級已經可能要用輔助器。為什麼會這樣呢？基本上是與年齡有一定關係的，年齡大的話存活率是比較低的，這會影響到我們在接收病人時的優次考慮。倘若一個病人拄着拐杖，年紀雖然大了一點我們可能也會接收他，就是因為他康復的機會不是特別差。另一個可能因為身體上的種種因素如腦退化，令到他活動能力偏低，接收的優先便較低，這是一個相對客觀的評估。

大家都知道很多病，包括 COVID-19，可以靠藥物來治療；好像肺炎感冒，醫生會處方抗生素把病菌治好，但治好病菌並不代表那個病人可以康復。有很多其他非臨床、非病症本身的因素決定他會不會康復。簡單而言，病人有肺炎我給他抗生素，細菌沒了，但病人仍然過身，這就是復康與否的問題。如果病人連坐起來、照顧自己的能力也沒有，要他深呼吸也不行，要他做一些恢復身體機能的活動也不行的話，他很大機會因併發症而過身。所以我們很難定出規範，說那些病人會照顧，那些不會。相信暫時不能談得到。

醫管局已經發表了初步新冠患者死亡率的分析數據，發現 2020 年 8 月 7 日以前，3,913 宗確診住院病人的情況，死亡率為 1.8%。在這 3,000 多名病人中，死亡率較高的是 80 至 89 歲的病人，以及 90 歲或以上年齡層的病人，分別達 26.8% 及 34.1%，可見年紀有很大的關係，長期病患也有影響。至於霍醫生曾提及的一些資源分配時公平的原則。門診部可以先到先得，但 ICU 能不能亦以先到先得呢？你先到，是否先得呢？一位病人進了 ICU 可能會住一個月、兩個月、三個月，那麼你有足夠的時間照顧下一個病人嗎？當病人還在康復，送走他的情況是很少。清醒的病人，用着呼吸機，你能送走他嗎？現實來說，在 ICU 應用先到先得這個概念是有衝突的。

如果是慢性阻塞性肺病（Chronic Obstructive Pulmonary Disease，COPD）病人看門診也是早點看醫生而已，但若是入住 ICU 一、兩個月，會影響照顧下一個病人。現在的判斷是比較準確，跟剛才的那個框架考慮：CFS 是不是很高、有沒有腦退化、有沒有年紀相關的疾病如糖尿病、慢性肺病等，這些都會增加死亡率。新冠病毒感染病人的肺損傷不比其他類似的肺炎嚴重，如果我們給了 COVID-19 病人治療，即使他的病毒量降低了，他都可能會離世，就是因為剛才的相關因素。譬如他自己沒有了復康能力，物理治療也幫不了他，扶着他走是幫不了的。所以每個病人收進來的時候，需要考慮剛才的條件。另外，有關經濟的考慮，年紀大的有共生病症（Comorbidities），治療他的成本亦會

高很多的。要給與他三四十天的 ICU 病床，才能評估他能不能救回來，但三四十天可以救回幾個病人。所以在判斷每個病人之前都會有一定的考量，將來也會是這樣。若預計病人的康復機會較低的話，他接受 ICU 治療的機會亦相對較低。

你可能會問，ICU 可不可以加床呢？我認為數字上是可以加，醫管局的呼吸機是足夠的。但問題是用呼吸機的人和地方夠不夠呢？這有很大的爭議。危重病醫學是一個相當專門的專科，你能不能夠請一個客串的醫生，例如麻醉科的醫生來做 ICU 呢？簡單的程序是可以的，如果 COVID-19 病人用氧氣是可以的，麻醉科的醫生也懂得處理呼吸機。但再複雜一點如洗腎，或者病人心臟功能不正常要評估心臟功能的，甚至最嚴重要用人工肺（ECMO），那就不行了。ICU 的運作已經專門到一個程度，不是單單加一個醫生和護士的人手就能應付。ICU 可以運作是因為有一個團隊在這裏，這個團隊非常熟練，知道有什麼事要找誰，誰懂得做哪些東西。因為 ICU 是一個很危險的地方，你每給一個藥物，打一個點滴都對那危殆的病人有深遠的影響。在普通病房打點滴，打兩三個就可以，在 ICU 可能要十個。若不熟練，弄錯幾個，那病人就可能會死。所以今時今日的 ICU 系統，很難被取代。臨時來弄一個 ICU B 隊可行嗎？那個還是不是一個 ICU 有很大的爭議，例如 A 隊懂得洗腎，B 隊不懂，那麼它是 ICU 嗎？

最大的爭議是負壓病床。今時今日是不是能夠不用負壓病

床做 COVID-19 ICU，真的不太可以。我們可看看大約的數目，第一階段 50 張是普通情況，加到 80 張就是第二個階段，找其他科的人幫忙，加到百多張就是災難性情況。可能你會問為什麼到現在還沒有爆煲呢？ICU 在 COVID-19 爆發到現在，最高峰的使用率也是 50 多張。換句話說，暫時也能維持，我們照顧得到。當然可能是分得不夠平均，有些聯網的醫院會有多點隔離病床，那就多點病人。有些地方爆滿了，有些地方還有位置，分佈是不平均的。

今時今日，我覺得有經驗的深切治療部醫生和護士是稀有的社會資源。全香港現職的 ICU 專科醫生，無論是麻醉科、內科，還在公立醫院做的專科醫生，加上來只有約 100 個，可能不足 100 個。換句話說，若病了 5 個的話全香港就少了 5% 的 ICU 醫生。護士也是，ICU 裏會洗腎的護士其實不多，香港總數可能有幾百個 ICU 護士，若然發生組羣傳播，真是不堪設想。那刻，先照顧患病醫生或病人不是一個很大的爭議，有很多討論都有談過這個問題。大家做心肺復甦（CPR）的搶救，有什麼情況你看見病人 VF（Ventricular Fibrillation）而你不去電，或許是當你自己身在不安全的處境，例如正在下雨。

做 CPR 時需不需要穿著 PPE 呢？如果大家熟悉醫管局的系統都會知道，CPR 是一個 AGP（Aerosol-Generating Procedure），會有飛沫傳播的風險。所以進行 CPR 需要穿着 PPE 才能為病

人進行按壓。如果大家曾經穿著過 PPE 就會知道，需要穿戴好 N95、眼罩、面罩、帽、衫、及手套，然後由別人檢查，再經過兩扇門進入負壓病房，最快也要兩分鐘。經過兩分鐘後才替病人進行心外壓，大家也能想像後果。所以兩分鐘在急救時是一段很長的時間。我也曾經問過感應控制科，如果病人確認不是帶有 COVID-19，能不能不穿著 PPE 或是只戴 Surgical Mask，得到的回應是「不能」。如果天秤沒有失衡時，當然要照顧病人及醫生，但當天秤失衡時，便慢慢側重照顧醫護人員方面。事情對錯需要由社會去討論。看到西班牙的經驗，幾千名醫生病了，這種做法似乎是對的。特別是在 ICU，這種資源短缺的地方，假設少了多名醫生，便會有很多很多病人都照顧不了。

現在第二波疫情爆發時，結果還在預想之內。ICU 內較多的都是因為年紀大而過身，就算不是 COVID-19，也很可能因為其他病痛而離世。所以現時醫院年青感染的人數少，而類固醇治療也有一定療效，經過沙士的教訓，而現在亦減少了不必要的工作及無效的治療，所以我是保守地樂觀，只要第四波不比第三波嚴重，我個人認為香港的醫療系統仍能撐下去。

新冠狀病毒引起的附帶傷害

新冠肺炎
附帶傷害概覽

天主教教區生命倫理小組前主席
天主教醫生協會前會長
歐陽嘉傑醫生

　　附帶傷害（Collateral Damage）是指軍事行動上沒有計劃，但又發生了的傷亡及其他損失。在現今的戰爭中，精準的智能武器是為減少附帶傷害而研製的。新冠肺炎所引起的附帶傷害可分為心理上的、經濟上的、直接影響其他病症醫療的，及其他對社會的影響等等。

　　新冠肺炎所引起於心理及精神方面的附帶傷害中，終極慘劇應該是引起當事人自殺了。紐約急症科醫生 Lorna Breen 不敵新冠肺炎帶來的壓力，及救不到病人的無助感而自殺。俄羅斯亦有多位醫生輕生。另外在東京曾是奧運火炬手的餐廳店主，由於奧運延期及疫情影響，生意受挫，而引起自殺慘劇。而為了防止疫情擴散而實施的「大規模封鎖措施」，亦常常增加了家庭成員之間的磨擦，引發家暴及離婚潮。

　　新冠肺炎亦於全世界經濟上產生了相當負面的影響，其中

零售和旅遊行業更是首當其衝。泰航宣布瀕臨破產；而國泰亦傳要重組，並有機會取消「港龍」品牌；挪威的一家廉價航空，取消了向波音公司購買 97 架客機的訂單。赫茲租車公司因疫情影響，在美國申請破產保護。由於新冠肺炎疫情在數艘郵輪大爆發，郵輪行業亦差不多全面停頓了。公共交通也不能置身事外，倫敦交通局瀕臨破產，要於明年加價。疫情令行業轉型求存，港航以客機改運貨物，局部恢復航班。

零售業卻沒有這麼幸運。美國百年老店 J C Penney 不敵新冠肺炎帶來的打擊，而申請破產，最後於 9 月被收購了。保健品牌 GNC 亦聲稱破產，並考慮出售公司。零售業外的其他公司都因「大規模封鎖措施」，而引致營運困難。有線電視要求員工從 6 月到 11 月每月放兩天無薪假。員工收入減少，自然削減消費意慾，令零售、餐飲及其他服務行業受到打擊，形成經濟下滑的惡性循環現象。家長都可能因為擔心疫情擴散，而減少兒女參加補習班、音樂班和興趣班的次數，甚至停課，令這些機構陷入財困或倒閉。停課亦阻礙學前幼兒的全面發展，但倉卒復課有疫症擴散的風險。孩子們在校不慎受感染，然後回家感染家長或家中長者的後果更不堪設想。

新冠肺炎除了增加了醫療負擔，亦對沒有被感染的其他病人構成很大的影響。雖然本港醫管局承諾不會把癌症手術延期，但官方數字顯示公立醫院癌症治療輪侯時間增加了 4.1% 到

10.7% 不等。其實，這些轉變可以令非癌症病人的情況惡化而死亡。醫護人員當然也有可能感染新冠肺炎，而令醫院或其設施陷入「封鎖」狀態。

新冠肺炎對醫療服務會造成不同的間接影響。防疫的「大規模封鎖措施」減少了街上的人流，令捐血人數下降，引致延誤手術或用其他方式治療。其實輸血是當今醫學上最普遍的組織移植醫療程序，既然一種移植受到影響，其他的移植醫療程序也當然不能倖免。因此，印度的器官移植政策亦因新冠肺炎疫情帶來的短缺，而放寬了某些保護捐贈者和移植者的措施。此外兒童未能如期接種疫苗，令他們受一般傳染病的威脅。人們因「大規模封鎖措施」以及多種運動場所關閉，少了運動機會而導致身體功能變差。這些都應算是疫情為全民健康帶來的負面影響。

在新冠肺炎影響下，很多大型活動，例如會議、展覽及各式各樣的學術和商貿交流等，都相繼被取消，或由實體轉為網上活動。很多專業人士的持續進修活動，都紛紛改為網上會議，令提供網上會議軟件公司的股價大升。專門策劃網上活動的 Eventbrite 公司總裁認為新冠肺炎會令整個籌辦活動行業加速轉型，專注於較小型的地區性活動，因而助長行業的復甦。

宗教活動也差不多完全停頓下來。本地的佛堂羣組，韓國的大邱新天地教會的超級傳播羣組等等，都令全世界多國的衛生

部門大規模禁止所有宗教活動。雖然本港的聖堂始終未有全面關閉，可供信徒內進作私人祈禱，但公開彌撒及崇拜都被當局叫停了，連婚禮和葬禮都附加了人數和其他防疫相關的限制。信仰生活還有很多範疇都仍受限制，例如修和聖事（俗稱辦告解）。雖然於今年夏天疫情放緩的時候，本港亦有恢復公開彌撒，但第三波疫情又令當局再取消公開彌撒，直到近日為止。筆者每年都參與的馬爾他會國際露德朝聖及服務之旅，亦因應疫情而告吹。雖然有報道指有外國神父用水槍為信眾灑聖水祈福，但其實在禮儀上是否真正有效，也是合理的懷疑。

疫情亦令很多表演項目取消了。身為一個合唱團的成員，筆者已目睹該團的兩個音樂會告吹。但由於參加音樂會的只是業餘合唱團，因此影響不到收入。職業音樂家卻會因為取消演出，而收入大減。由原本於 2、3 月舉行的藝術節，到 10 月的香港管弦樂團的音樂會，疫情令演藝界的表演活動差不多完全停頓了。英國更有評論指，新冠肺炎直接威脅到當地劇院的存亡。最後英國政府承諾撥款 15 億英鎊，以拯救當地的藝術及文化界。

除了以上已列出的各種附帶傷害，新冠肺炎大流行也對社會作出的許多其他方面的影響。眾人為防疫戴口罩增加了與失聰人士溝通的困難，因為口罩令失聰人士無法讀唇。有心人士正開發透明口罩，解決這項一般人不以為意的障礙。另外禁止餐飲業通宵營業，亦令「麥難民」流離失所，要待救世軍提供免費緊急

住所協助露宿者。原來烏克蘭有蓬勃的代孕母行業，因防疫而推出的「大規模封鎖措施」，令多國限制跨境人流，引致大約 100 個嬰兒滯留於烏克蘭境內，不能送到他國的新家庭去。

政府推「限聚令」，並曾一度禁止食肆「晚六朝五」做堂食生意，只能外賣。食店晚飯時段非常冷清。
（《明報》資料圖片）

但正所謂危機中，不單止有危，更還有機！逆境求存畢竟是生物的本能。疫情肆虐了大半年後，人們都找到不同方法轉危為機。一位孫女為擁抱曾祖母自製了防疫裝置。巴西老人院也同樣地自創擁抱隧道，讓家人擁抱以解相思之苦。

病毒檢測的假陽性問題也可以有深遠的影響。本港全民檢測也曾出現了假陽性案例，令無感染人士被隔離。另在外國有位慈父駕車千里跨省，卻因假陽性檢測結果遭遣返，而痛失探望患癌女兒的最後一面，令死者抱憾而終。疫苗研究亦因一位英國測

試者出現了無法解釋的疾病，而令試驗暫停，後來才發現那疾病是可以導致截癱的橫貫性脊髓炎，嚴重案例可以令患者下半身永久癱瘓。

疫情雖然帶來了不少附帶傷害，但若我們能化危為機，疫後的世界可以變得更美好。身為馬爾他騎士的筆者，雖然今年未能如常到露德朝聖，但還可以參與會網上錄音，以鼓勵其他亦被取消朝聖旅程的參與者。無奈會長突然離世，而那錄音便成為向會長致敬的一份心意。數天後，會長的葬禮在羅馬總部內的小教堂舉行。由於疫情亦令很多會士及友好不能親身赴羅馬「參與」，總會安排了網上直播安魂彌撒，令本來無可能到羅馬參與的筆者，也可於宗教儀式上為會長祈禱和告別。

最後，今年 9 月 3 日為會祖主懷安息 900 周年。馬爾他會於世界各地都舉行宗教儀式作為紀念。澳洲分會於悉尼主教座堂舉行紀念彌撒，並同時直播，令筆者和其他本港眾會士可一齊參與。新冠肺炎疫情當然帶來了很多不愉快的事件，但只要我們能保持樂觀，我們也可從中獲益！

2019 冠狀病毒引起的 附帶傷害

香港大學醫學倫理與法律研究中心總監
香港大學病理學系臨床副教授
馬宣立醫生

2019 冠狀病毒為全世界帶來了自 2003 年沙士疫症後一個極大的挑戰，它所導致的問題，除了在醫療層面上的，還引起了許多相關的附帶傷害。所謂「附帶」（Collateral），這一個詞在不同的學術字典內有不同的解釋，例如在商業上用於債務抵押；而在解剖學中，可解作從主要血管或神經線上所延伸出來的一條較小分支；或者在戰爭時，附帶傷害包括那些非士兵的死傷者，以及遭受破壞的家園、醫院、學校和其他建設等。按現時疫情而言，可類比戰爭，所帶來的附帶傷害，正是那些非蓄意造成的不良後果。由經驗出發，以下將回顧 2003 年沙士點滴，洞察當時與現今疫症的絲絲聯繫，從而反省疫症的附帶傷害，務求能夠消除它們所帶來的深遠影響。

2019 冠狀病毒及 2003 年沙士

　　雖然 2019 冠狀病毒及 2003 年沙士都是全球性疫症，但事實上，當年沙士對全球的影響很微，然而對香港的影響則非常嚴重。當時香港在短短的 4 個月內約有 300 人死亡，相比全球有 900 多人，香港的確佔了很大的比重。反之，現今 2019 冠狀病毒導致香港 5,000 多人受感染，最新死亡數字為 103 人，全球則已達 3,000 多萬宗死亡個案，每一日增加數 10 萬人受感染。預計死亡數字不久便會達到 100 萬人，它影響全世界的威力遠遠超越沙士。

　　相隔十多年之久，我們從應付沙士的經驗中反省了許多問題。首先，在沙士疫情初期，我們對沙士病毒和它引發的非典型肺炎認識非常有限，對於它在流行病學中的發生機率和普及性幾乎一無所知。而且，當時許多感染沙士的羣組都在公營醫院裏，相信在醫院內的確存在某些問題。正如有病人住院後才受到感染，隨後便發現當時醫院內的通風系統存有漏洞；加上個人保護裝備不足，醫護人員的感染控制意識與執行都未如理想，使到病毒有機會在醫院內進一步散播。那時，有些醫護同工或醫院行政人員，一個口罩足足用上一個星期，可見資源之緊絀。此外，亦有醫生與病人會診完畢，在接見另一位病人前，並沒有徹底清潔雙手，這樣也大大增加傳播病毒的風險。在那嚴峻時刻，許多醫護人員都感到恐懼，有些員工害怕接觸沙士病人，但也有自願加

入抗疫隊伍的，他們堅守崗位照料病人，甚至最後犧牲自己的性命。

由於整個醫療系統也無法處理沙士病毒，那時香港社會各階層都表現得又惶恐又害怕。本來，人面對困難，產生合理的恐懼是正常的情緒表現；可是，當時全城的恐慌卻達到偏執的程度，很多人都對某些徵狀有了多疑的想法，特別是發燒，這麼的情緒成了一個附帶問題。的確，正如現今的新型冠狀病毒感染一樣，當時發燒是一個指標，表示某某有機會患上疫症，因此量度體溫是非常重要的。那時電子溫度儀器比較少，假如要上班的話，便必需先量度體溫，否則不准許上班；亦有員工或家庭傭工，因為被診斷發燒後而失去工作；甚至有員工可以利用「感覺到發燒」為理由，向上司表示不適，便隨即獲准病假。以下個案，將進一步展現當時人心對沙士疫症的恐懼。

實例：2003 年沙士的一個附帶傷害

作為病理科醫生，屬於後勤醫護人員，相對前線同事，我們平日較少接觸病人。可惜，每當我們有需要接觸病人個案時，往往已是個悲劇。

本個案的病人是一個家庭傭工，她受僱照顧小孩。在沙士疫症期間，僱主表現十分緊張，每天會為她量度體溫。有一天，

量度的體溫好像稍微高了一點。按照當時的風氣，假如家庭傭工的體溫偏高，僱主擔心她是沙士病毒患者，為避免家庭成員受到感染，可能會輕率地把她辭退。由於傭工亦知道這一點，當時她隨即為自己的體溫指數作辯解，說是因為正在廚房煮食，並要求沐浴後再次量度。於是，正值 2 月的嚴冬，她以冷水沐浴，體溫算是降低了。可是，在她繼續工作的數日後，發燒的情況已經不能再隱瞞，而且病情急轉直下，在醫院病房沒有待上多久已經返魂無術。為查明死因，她的遺體需要進行病理學解剖。經詳細檢驗，她的整個肺部化膿，原因是受到細菌感染。事實上，只要適當處方抗生素，細菌性感染是一個可治之症。可惜，因為發燒這徵狀已成為當事社會的負面標籤，結果令當時人失去了寶貴的生命。

現今的公共醫療策略及其附帶傷害

全球為應付 2019 冠狀病毒疫症，提出了一種公共醫療策略，名為「壓平曲線」（Flattening the Curve）。意思是，當疫情初期並未實行防疫措施時，會在短時間裏有眾多病人染病，根據統計學圖表上的分佈，就呈現一個陡峭的曲線。讓我們在圖表上畫一條橫線，稱為「醫療系統容量」（Healthcare System Capacity），這標示了我們的醫療系統能力上限，即是它可以承受多少病人的壓力。於是，我們的策略是要執行相應的防疫措施，務求使感染數字永遠低於這條線為目標，那麼統計學圖表便會呈

現一個較平的曲線。因此，對抗疫情可以花很長的時間，希望在每一刻，我們的醫療系統都有足夠的資源去照料所有的病人。

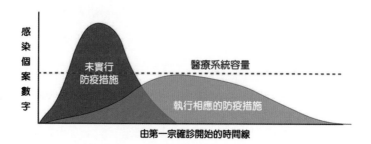

圖表內橫線為「醫療系統容量」（Healthcare System Capacity），標示醫療系統能力上限。

　　這種策略，目的是為大眾謀求更大的益處，是道德的做法。綜觀現今香港社會，我們實施了以下的防疫措施。一、為避免醫療系統崩潰，暫停非緊急及次要的服務，同時限制親友到醫院探訪病者；二、減少人與人之間的接觸，如社交距離限制、佩戴口罩、學校停課、鼓勵在家工作及關口跨境限制等等；三、隔離政策，追蹤緊密接觸者，並安排高風險羣組作病毒檢測，目標是盡快找出帶病毒者加以隔離；四、為減少長者的感染風險，封鎖老人院舍，為有需要的長者暫緩到醫院覆診，另外安排其家人代表取藥。以上列舉之政策雖為社會帶來益處，但同時它們也衍生了多方面的附帶傷害。以下從三個羣組及其他方面探討。

1. 長者

　　長者是社會中脆弱的一羣，無論在身體或心靈上都應該得

到特別的關顧。疫情下，他們容易受病毒感染，死亡率亦相當高。為此，我們必須積極保護長者。可是，上述各項防疫措施，卻為長者帶來負面影響。在社交距離的限制下，不少人都減少外出，使某些長者難以跟不同住的家人同桌進餐，共聚天倫。另一方面，許多長者每天在老人院舍默默等待家人的探望，然而突如其來的疫症使他們的渴望成空。

同時，長者如果患病要住院治療，可是得不到家人前來探病和照料，試問長者又怎樣能夠安心養病呢？長者在病榻中沒有親友探訪，對自己身處之所毫無認知，心中充滿着疑問。隨後，在病情的最後階段，他們無奈地帶着遺憾、感到被遺棄，並孤獨地離去。由於罹患新冠肺炎長者的病情急速轉壞，可能在數天之內面臨死亡，隔離措施的限制，又令家人對長者的情況一知半解，許多時候，家人會為此而感到悲傷和困惑。如此，病人家屬與醫生溝通不足，萌生懷疑及抱怨，甚至產生憤怒或仇恨情緒，這些都能引發病人家屬對醫護專業的投訴和爭端。

2. 亡者

不幸死於新冠肺炎的亡者，將按照現行遺體處理機制分類為第二類（Cat. 2），並會掛上特別色牌，以便在殯儀程序中，安排相應的預防感染措施。不過，被標籤了的遺體可能使某些殯儀服務刻意提高價錢，有違公平原則。

事實上，疫症附帶所影響的亡者，更多是屬於非新冠肺炎患者。由於可導致自然死亡的因素眾多，死因不明的亡者需交由驗屍官作死因研究。在疫情的各種限制下，醫生與病人及其家屬都未能建立穩健的溝通關係，特別是短時間內突然身故的個案，沒有足夠的資訊，逼使家人無奈地接受親友的離世。除了已提及的情緒疏導問題，實質的遺體處理程序也為家屬造成不少壓力。

因應「在家工作」措施的實行，相關的遺體處理辦公室都停止服務，推遲了各項文件的處理。即使已預備妥當文件，家屬亦會因為減少外出，而延遲前往辦理手續。由於死後的文書工作必需以家屬的簽名作實，所以在未獲得簽名前，一切程序也被延後，例如延後發出火葬紙及土葬紙等等。假如需要把遺體運送過境返回內地安葬，在關口跨境限制的措施下，程序更顯得麻煩。此外，由於往返世界各地的交通限制，某些海外親友不能參與亡者的殯葬禮儀，因而感到十分遺憾。

3. 兒童

疫情下不少父母需要在家工作，而且經濟環境轉差，使某些人失去了工作，或被僱主要求放無薪假期。父母多了留守家中，雖然增加了與子女相處的機會，但彼此也會發生更多磨擦。有時候，父母不敵種種沉重壓力而虐待子女。其實，有關處理虐兒的政府機制一直沒有停止運作，然而社福界的專業因為疫情而

延遲了對個案的調查。例如，社工在家工作，推遲了上門進行家庭探訪，以致延誤撰寫報告或參與跨部門會議等。因此，雖然現在的虐兒或疏忽照顧兒童等個案並未見明顯上升，但相信在未來的數月內便會逐漸浮現了。

有些附帶傷害的源頭來自資源分配的不對等。在「新型冠狀病毒」的陰霾下，各方面都以對抗這個疫症為最緊急和最重要的項目，所有醫院的資源都優先分配到隔離病房及感染控制配備上，而其他非必要、非緊急的服務幾乎一律暫停。把人手調離普通病房，使留守崗位的醫護人員要承受額外的工作負擔，他們照料非新冠肺炎病人的時間也被剝削。其實，無論是醫護人員、新冠肺炎患者或其他病人及家屬，各自都有不同的需要，值得我們多點反思。

以沙士為鑑 妥善處理附帶傷害

香港是個幸運之地，到目前為止，本地之疫症死亡數字沒有像外國那般在短期內激增。雖然我們的醫療系統暫時尚未飽和，但是為了長久抗疫，我們必需更謹慎執行相應措施。讓我們以沙士經驗為鑑，除了針對疫症外，對其衍生的附帶傷害都能詳細討論並妥善處理。

正如，面對隔離政策或禁止探訪長者及病友時，可以利用智能電子儀器及相應的視像應用程式。但應當關注長者的接受程度，和學習使用上的困難。因此，護老者及照料他們的醫護必須具有愛心和恆心，準備好好協助和指導長者。再者，某些私營及公營醫院都曾經容許過瀕死病人的家屬，在配備足夠的個人防護裝備後，逐一進入病房探望病者，陪伴他渡過在世的最後時光。這正是一個人性化的處理手法，只要事前仔細斟酌個案和平衡風險，這樣的安排相信會有效減低對病人和家屬的心靈傷害。

遵行以人為本價值

面對史無前例的挑戰，我們應當遵行醫療本身的整全方針（Holistic Approach），照料病人的身、心、靈各種需要。因此，有必要團結不同專業領域，包括公營及私營醫療機構、醫護學界、社福機構、宗教牧靈事工等等，共同回應社會的需要，以尊重人性及「以人為本」為核心價值。

新冠疫情的
社會心理衝擊和反思

港大社會工作及社會行政學系講師
馮一雷博士
港大社會工作及社會行政學系榮休教授
陳麗雲教授

　　從統計數字分析，全世界頭十位的國家正面對疫情之中，
表面上最近美國的疫情較為嚴重，但其實印度的情況比美國嚴重
得多，印度的感染數字突然飆升，但沒有人關注，也沒有人談
論。巴西其實跟美國也差不多，但本地主流媒體也是沒有提及。
全球現在（2020 年 9 月）已有超過 3,000 多萬人確診，也趨近
100 萬人死亡。

　　再看看我們身邊，除了疫情的影響，香港現在正面對很多
不同的挑戰，令人身心俱疲。過去數個月，我們在不同的工作
坊，邀請參加者訴說他們最近經歷的困難，和形容他們面對挑戰
時的感覺。（見圖 1）答案包括「無奈」、「感到壓力」和「絕望」
等等，而較突出的形容，竟是「我要殺死我的老闆」。其實這個
答案，可能反映出工作上的壓力，或在人際關係中的不協調。現
在疫情中很多人在家工作，情況可以變得更差。除了長時間的線
上工作，人與人的接觸主要依靠電腦軟件及流動裝置，世界變得

更虛擬，感覺變得很不真實，也導致更大程度的不確定性。

圖 1 ：如何形容自己最近數星期的感覺？

沒有痛苦 便沒有收獲

不過在疫情下，亦可以看到很多正面的經驗和感受。（見圖 2）從我們的調查，發現差不多有八成的參與者變得更留意自己、家人和朋友的健康，七成會更注意政府的政策，七成更相信羣眾的力量應對生活各種問題。六成多認為疫情令他們更了解生活中什麼價值才是重要的，這個回應很重要。因為在正常情況下，很多應關心的事和人，都會因雜務繁多而被忘記，現在我們有空間去思考我們的優先次序應該怎麼排列，這是一個很大的契機。此外，還有五成多的人學懂一些新技能，例如防疫知識、網上會議等等。

這個研究背後還有一個很重要的概念，就是在痛苦當中，我們可以有一個轉化的機會。「No pain, no gain.」（沒有痛苦，便沒有收獲），這是我們開設小組時會探討的一個重要課題。

面對慢性疾病，患者的精神健康有起有落，病情受控時，整體生活質素會較好，病情惡化時，整體生活質素便會下降。身體如能康復，整體生活質素也可以回復到病前水平。但我們發現，原來有更多人可以去到另一個階段，就是跌蕩當中反彈會更高一點，比之前還要高。重點是轉捩點在哪裏，即是我們如何在低位反彈上去，轉化的動力究竟在哪裏。

圖 2：受訪者有正面經歷的比例

更留意自己和家人／朋友的健康	78.5%
更注意政府的政策	74.5%
更相信羣眾的力量	70.0%
更關心家人／朋友	66.8%
更了解生活中什麼價值才是最重要的	66.8%
我學懂了一項新技能／知識	56.3%
我遇上了令的感動的人和事	55.5%
對自己有更深刻的了解	52.7%
我有更多時間休息及放鬆	46.1%
我曾主動幫助社區上有需要的人	45.1%
我覺風我與自己的社區更親近	44.8%

（詳見〈疫情中精神健康的危與機〉（文：劉喜寶、吳兆文）
《明報》14/4/2020）

人在困難中　更懂得感恩

我們的同事在內地做過一些有關創傷後遺症成長（Post-Traumatic Growth，PTG）的研究，發覺年紀較大的女士和高學歷

人士的 PTG 比其他人會高一點。武漢人比武漢以外的人 PTG 也較高。相比農村和城市，在資源較缺乏的農村，村民的 PTG 反而比城市人還好一點。這個發現是否指出人在困難當中，更懂得感恩和珍惜？

面對疫情這個危機，我們第一個反應可能是害怕，不知所措，沒有口罩不知怎麼辦，容易發怒，不斷搶購物資，這個是恐慌區。我們也可以運用這段時間去學習一點新事物，一些新技能，提升防疫意識，這個是學習區。再進一步，我們更可以對生活做一個價值觀的反思，感激欣賞，將生命優次重新整理，這個是成長區。

還有一個很重要的概念，就是在疫情當中，有些事情是我們控制得到的，但也有些事情卻是控制不到。例如我戴不戴口罩、我何時戴口罩、我吃些什麼等等，這些全都是我的選擇，我完全可以自己決定用什麼方法、態度來面對疫情。但有些事我是控制不了的，例如我旁邊的人戴不戴口罩，疫情的變化等等。所以我們只應專注於我們可以控制的事情，對於我們控制不了的事情，也只能放開。至於如何區分什麼可以做，什麼可以不做或者做不到，就是我們要學習的智慧。

昇華到靈性區

對於有宗教信仰的人，除了恐慌區、學習區和成長區，也可昇華到靈性區，覺察及感恩神明或創物主在疫情中的照顧和帶領。面對苦難，基督宗教可從以色列民的救恩史說起。（見圖 3）根據舊約的記述，以色列人是「特選的民族、王者的司祭、聖潔的邦國、得救的子民」，天主和以民立了一個盟約，但立約之後，以民不久便背叛天主，背叛導致天主的懲罰，懲罰當中以民祈求天主的寬恕，接着先知出現，以民痛悔之前的過錯，又再皈依天主，重獲救恩。安逸之後，又再背叛、懲罰、祈求、先知、悔改、皈依。舊約的內容就是一個不斷循環，不斷迴旋的救恩史。我們不知道疫情是否會不斷迴旋，但我們知道，舊約這個迴旋模式裏面，有一個重點，就是「厄瑪奴耳」，意思是「天主與我們同在」。就算我們怎樣迴旋、怎樣背叛、怎樣受到懲罰，天主也會和我們在一起。這是舊約裏一個很非常重要的概念。

很多人都會提出，疫情發生不是因為我的過錯，為何要我要承受這個痛苦的後果？這個提問涉及病苦來源的反思。傳統的「護教學」對痛苦有四個解釋：1. 世界進化過程的必然現象，2. 人濫用自由所導致的混亂狀態，3. 人在磨練中的考驗，及 4. 顯示世界在消逝，永恆生命的開始。此外，舊約裏的創造神學有三個主軸：1. 天主的創造，2. 世界秩序，及 3. 盟約團體正常運作。但是這個論述也存在一點張力，在合理化的結構神學的基礎下，

如何面對痛苦的挑戰？在懲處罪惡時，如何了解天主慈愛施恩的本質？

圖3：不斷迴旋的救恩史

厄瑪奴耳
天主與我們同在

皈依　悔改

特選的民族
定立盟約　先知出現

背叛　懲罰

經歷自己的救恩史

　　在舉辦一些改善身心靈的工作坊的時候，我們都會協助參加者，回顧他們整個生命的歷程（Autobiographical Timeline）。（見圖4）將他們認為正面的經歷記錄在中線上，負面的經歷記錄在中線下，然後連接各點，成為一幅人生起伏圖。我們發現很多人平時只會記起一些負面的事情，但在回想的過程中，也會想起很多正面的經歷。正面及負面的交替，其實就是一個很「正常」的人生模式。重點是在低位時，有什麼資源（包括人或事）能協助自己重回高位。回顧自己的人生及疫情的情況，我們認為自己現在是身處低位、中位或高位？如果現在是低位，有沒有看見一些「天使」在幫助我們重上高位？面對自己歷史的時候，我

們如何為自己的生命做一個總結，那些是正面經歷？那些是負面經歷？誰是我生命中的天使？

我們可以回想一下舊約記述的救恩史，如何應用到自己身上。我們正在經歷自己的救恩史，正在什麼位置？在人生的起伏中，在人生的迴旋中，在疫情當中，是否堅定相信厄瑪奴耳？是否看到天主與我們同在？

今年（2020 年）8 月 11 日，全球有 743,571 人因新冠疫情離世，我的一個大學同事用這個數字寫了一篇只有七句的文章，在 *Journal of End of Life Palliative Care* 期刊刊登。第一宗死亡發生在「七」個月前，死亡率大約百分之「四」，死亡人數約「三」十萬，然後有一個逗號，現在是否事情完結（句號）前的一半而已？「五」代人正在和疫情搏鬥，全球「七」十八億人正努力去做同一樣事情，然而，「一」個死亡其實也是太多。

圖 4：生命的歷程

出生　　　　　　　　　　　　　　　　　　　　　　現在

從經驗的反思中學習

究竟在這些災難、困境的反思裏面，應該怎樣去學習？再宏觀一點，其實我們不是從這些經驗裏學習，而是從經驗的反思中學習。所以教授也說大家要想想，好像沙士那樣，政府必須要成立一個委員會，然後認真地檢討我們做對了什麼、做錯了什麼事情、日後要如何改善？就如有講者提出，我們是否需要去反思我們的系統如何更有「人味」、更加人性化？這也是非常非常重要的，因為在整個抗疫過程中很少討論。尤其有一些人因疫情影響，沒有工作做，留在家中，有經濟和其他的壓力的時候，就很容易互相吵架，甚至衍生家庭暴力。然而，一些社會服務或志願機構服務也因疫情暫時停止，市民亦未能得到即時的援助。

在疫情中，我們究竟學了些什麼？例如遙距健康服務、網上教學、網上會議、網上購物、傳染病及防疫知識、保持積極性、如何自我照顧、怎樣放鬆自己、怎樣倚賴天父多一點、如何祈禱多一點、珍惜自己生命、感恩、接納、珍惜家人朋友等等。

在這個過程裏面，我們想作出什麼轉變？這個研討會提及了許多我們值得轉變的地方，這些轉變亦是每一個專業需要反思的。我們要學懂在創意裏面要合作，要正面思維，要有動力，要創新，還有投入。這個疫情便成了我們創意的重點。

活在同一世界 共同面對挑戰

　　另一方面，疫情中負面的事情亦很多，我們亦見到很多人性的缺失，例如頑固、自私自利、自我中心、經常投訴、用權威來欺壓別人、不聽勸告、沒有公民責任、做些破壞性的事情、言行不一、信口開河、冷漠、不肯溝通、傳播假消息、栽種仇恨、懶惰、幼稚等等。但當我們發現別人的缺失，指責別人的時候，我們是否亦懂得反省自身的問題？我們每個人是否也有一些自私的基因？是否只會從自己的角度批評，而缺乏一個較為宏觀的角度？每個人都會有自己的罪。我們都會對別人很苛刻，經常批評別人。在疫情中，我們在靈性上可以做些什麼呢？我們是否可以用憐憫的心看待整個世界？我們其實活在同一個世界，共同面對一個挑戰，我們可以一起聚積經驗、發掘智慧、改變世界。

　　面對疫情的不斷變化，我們不必立即作出價值判斷，評定事情發生的好壞。我們可能被困境導致手足無措，但也可以在挑戰中找到成長的機遇。「天主與我們同在」是聖經的啟示，也是我們在人生旅途中堅定的信念。「我們連在磨難中也歡躍，因為我們知道：磨難生忍耐，忍耐生老練，老練生望德，望德不叫人蒙羞，因為天主的愛，藉着所賜與我們的聖神，已傾注在我們心中了。」（羅 5:3-5）

與長者抗疫同行

內科及老人科顧問醫生
莫俊強醫生

　　本人是一位老人科醫生，將主要分享我在醫院裏所接觸和看到的事情。我很着重長者病人，因為長者病人在醫療系統裏，是最重要及需要照顧的病人。我常說，如果醫療系統能夠好好照顧長者，那對所有人都同樣好。唯獨很多時我們只會着眼長者病人數目很多，卻忘記長者們的獨特需要。

　　本文將分為三部分，首先會分享一些長者病人在是次疫症當中的情況，接着會分享我們老人科醫生遇到的一些挑戰。我在醫院內還有一些行政工作要兼顧，這個我也希望和大家分享，因為很少人講這些事情。最後，是希望談談我們能看到有什麼出路。

長者病人在疫症當中的情況

　　在香港幾天前，我們大概有 5,000 港人染病，死亡人數已近

100 人，但長者死亡的數字是最高的。這個情況全世界都一樣，不同年齡層死亡率，分別是相當大的。對於一個年輕人來說，COVID-19 可能真的如感冒一樣，是一個令人煩厭的感冒，因有被困的感覺。但對長者來說，卻是致命的。這亦影響了大家怎看待這個病情，我覺得世代之間是有分別的，老人和年輕的一代，可能對這事件的看法會有所不同。

1. 長者病人

無論是 COVID-19 病者與否，長者病人在整件事情上都受着苦，即使他們並沒染病。在疫情期間，醫院是不准探病的。個別的情形，如一些瀕死的病人，我們會允許探訪，稱為恩恤的做法，我也簽過許多張這樣的恩恤特許，所以這個安排是可接受的。

在香港，即使是嚴重的個案，也始終不及意大利等外國般嚴重，即進院差不多代表注定死亡那樣。不過，其實有很多非感染 COVID-19 的長者在病房裏面，平時都很需要別人照顧，不單只是護理的照顧，以前有些安排，希望長者在醫院環境下，過得好些，我們有許多義工的同事，我們也准許額外探病時間，家人可陪伴長者病人。有些長者需要他們熟悉的人去餵食，不然他們便會不進食。這些病者不是瀕死，所以在疫情期間不能被探訪，我們不能容許社區人士經常在醫院裏出入，因這是感染控制的問

題。這類的長者病人其實受了許多苦，因為他們失去了這些較貼心的安排。

所有義工的服務都已暫停，社工除了工作上的接觸以外，盡量少留在醫院的病房裏，我們的確看到有些病人是比較孤獨地離世。為什麼？其實也不是我們不讓家人來見最後一面，而是他的家人都不想來，因為他們都覺得醫院是危險的。當然我們也看到很多感人的個案，家人是很愛護老人家的，但總有些老人家即使有家人，但關係不太親密，最後就會孤獨地離世。

在疫情期間，因防感染是最大的考慮和優先，所以就唯有犧牲了這些長者被探訪的機會。我覺得這些都是疫情下的附帶傷害（Collateral Damage），不過這些傷害很難計算，因為我不知如何去統計這些事件，只好在我們心中惦記這些事，以作反思。

在病房中也有因為溝通不足，而導致有問題的個案出現。我聽說一些外科病房的同事收到投訴，為什麼有投訴呢？原來病人進來做手術，幾天後出現了很複雜的情況，醫生很想和病者家人商討，但因為家人不能前來探望，少了許多面對面的溝通機會。所以當醫護向病者家人，在電話訴說病人出事的時候，一定會很容易被投訴，因為他們不明白及理解整個病情的發展。

在我的病房裏，我的同事差不多每天巡房以後，便要做

「接線生」的工作，坐在那裏打電話給病者家人。我有一個同事，他要看顧十多個病人，每天可能要致電 7 至 8 個電話，在電話裏跟病者家人商談。這裏大家須要明白，在電話裏傾談，有時候是很困難的，因為有些事要面對面（尤其是家人要見到病者），才能有效溝通，我覺得同事們是額外辛苦了。當然我不排除有些同事會省卻這些步驟，心想沒事便罷了，沒有事便出院好了，但出事後便很難溝通，再解釋就困難得多。

另一點須要注意的，是覆診安排，現在情況好了些，之前數月，病人都不想回來醫院覆診，於是我們便延長藥物提供，不過當中就將覆診的時間拖長了許多個月。是否因此就不會出事呢？

「大事」我就知道沒有出現過，有沒有「小事」發生，我就不知道了，我也沒有可能知道，因為我沒有見過那些病人，甚至連化驗都沒有做，只是繼續給藥，而病人有否服用藥物我也不知道，我覺得這只是在疫情期間的權宜之計。但你會質疑醫療系統為何變成這樣，其實這不是一個健康的情況。

如果 COVID-19 繼續下去，將來的安排會如何，我們有待觀察，但回醫院覆診，是需要思考怎樣安排的。剛才我已強調，整個醫院系統的設計，是應該遷就長者病人的，因為如果他們能得到健康的環境和良好的治療，那麼其他病人都同樣可以得益。但

在疫情期間，在防感染控制的大前提之下，這些設計都不會管用。

在疫情期間，病人連行動也受到約束，不准他們四處走動，又不能接受探訪，整個治療過程變得密封隔離，尤其是受感染、被隔離的病人，情況更加差。你會問有否物理治療服務等提供，其實是有的，我們的同事都盡量提供服務，但大家都要穿上保護裝備，好像兩個太空人在行走，在病房裏尤如像在月球一樣，這個完全不是令人舒服的事情。那麼你說康復的機會有多大呢？醫院會盡力提供醫治，但效果一定打了一個折扣，對康復的過程影響很大。

關於遙距醫療，我們其實也討論了十多年。我的同事打趣說，我們討論遙距醫療十多年，但最近半年就將這十多年所討論的全都實行了。因為以前有很多阻礙，大家都覺得為什麼要遙距醫療？大家都可以近距離接觸到病人，可面對面的診治，為什麼要遙距呢？

直至最近這幾個月，才發現這是可行的及有價值的。這是一個好的醫療落實，是一個正面的發展，但長者病人卻未必能受惠，因為這一代的長者還沒適應這樣的治療，例如你給他們iPad，其實他們並不是很能掌握當中的操作，對相關的功能及科技沒有感覺，特別是較年老的那些，他們很多有認知障礙症，根

本分不清楚哪些是現實，哪些是像看電視那樣不是真實的，或者根本不明白我們在說什麼。所以，對長者病人推行遙距醫療是很困難的，在過去數月，我都見到長者病人遇到過這些困難。

2. 老人科醫生

老人科醫生團隊的治療原則是「全人治療」，不只是把一個長者病人治好，而是真的要關顧他們「身」、「心」、「社」、「靈」方面。靈性方面，我們在醫院可能未能處理，但「心」和「社」的關顧是需要的。簡單地說，如果我醫好一個長者病人，但他在家中的配套是不適合照顧他的話，他根本上不能出院，結果就是繼續留在醫院裏。

所以在整個治療長者的過程當中，我們很早已考慮怎樣安排病人在家中也可得到照顧。所以在「身」、「心」、「社」這些方面，當我醫治長者病人的時候，老人科團隊會考慮這些因素。我們是很講求團隊精神的，因為不是一個醫生就能處理好所有的問題，老人科團隊當中包括護理人員、專職同事、社工同事和病者家人等等，我們一開始就會這樣設想，合作地一起工作。但在疫情當中，團隊性的合作就給切斷了，因基本聚集的地方也不能聚集，不能坐在一起商討。

這個對我們也是一個挺大的困難，尤其在隔離病房的情況

更加困難，因在隔離病房的治療，基本上很難顧及「全人」的，只是重點針對病情，尤其是 COVID-19 的治療，本身不是很複雜，常用的都只是那數種藥物，管用的便管用，不行的便是不行，重要的是，不要將疾病擴散。所以醫療的專注點完全不同，相較於我們老人科的原則，真有點背道而馳。

老人科團隊在遇到這些病者時，治療過程都困難重重，好像發揮不了我們的理念。不過，剛巧有老人科醫生同事自告奮勇地加入了 iTeam（即是在隔離病房處理病人）。他跟我分享，他有時候也可關顧到「全人」的治療，他舉例說有一早已經斷定為臨終照護（End of Life Care）的瀕死病人，在疫情前已有全盤計劃，將這病人先收進老人科病房照顧，讓他安然離世，不會讓他感覺不舒服，而我們會減少許多無謂的醫療程序。剛巧那個病人就是受了感染，進了隔離病房。隔離病房有自己的治療程序，病人進來時便要完成所有指定的醫治程序，及服用指定處方的藥物，醫治的過程是系統化及機械化的，那個臨終照護的病人收進了隔離病房，剛好遇到我的這個同事，他便盡了老人專科的本分，跟感染科的團隊說明這個病人的情況，其實我們能做的事情很少，但我們不要讓病人辛苦，也要和家人保持聯絡。這個同事挺驕傲的說他已做到了，病者在我們安排的理想境況下安然離世。這次老人科同事發揮了我們的專長，但只能照顧個別事件，始終我們沒有一個團隊在隔離病房，所以實行我們的治療理念不是容易做到的。

另外一個我們在是次疫情遇到的情況，就是有老人院出了問題，整間老人院的長者要搬到隔離設施，這本來不關我們的事，因為我們在醫院工作，而隔離設施全都在社區。但我們曾提供外展服務到那所院舍，所以我們都想幫忙，因為見到情況很困難，例如有些隔離措施是度假營改成的，在院舍外有個泳池，但是有些院友卻是有認知障礙症會四處走，很難看顧他們，尤其在深夜時分。大家事先未考慮過類似的風險，我想我們不可以只怪責政府，我真的要這樣說，因當中的處理是很困難的，很難預先想像所有可能會發生的事情。找一個可用的地方已是難事，更還要適合我們的長者，加上不同的長者有不同的照顧困難，例如身體有殘缺的長者。

日前有護老院的一名院友確診新冠病毒，該院約 70 名院友及 10 多名職員須檢疫。身穿全套保護裝備的工作人員陸續協助院友撤離。
（《明報》資料圖片）

　　所以不單是我們的團隊，在香港 7 個醫院聯網內，所有的

老人科團隊都在那些地方提供協助，在一個不太理想的環境下，令院友們都安全生活。他們都沒有染病，他們只是被隔離。在那數十天大家都很緊張，要確保沒有事故發生、用對了藥物和基本上的照顧也要合乎標準。

大家還要了解，在隔離病區照顧着長者的照顧者並不是原來的班底，因原本的班底已被送往別區接受隔離觀察。試想想，一班完全互不認識的病人和照顧者，在一個不理想的陌生環境過渡兩星期，到現在也沒出什麼岔子，這表示我們都很努力幫助他們，其實當中的風險很高，但總算過去了，而且沒發生問題。

所有醫護的臨床訓練都因為疫情暫停了，包括醫生的訓練。臨床訓練已停止了數個月，在剛過去的星期才在幾所教學醫院恢復，但恢復的步伐很慢。若醫生的訓練未開始，其他醫療的訓練也不可開始，因為醫生在理論上，是最懂得控制感染的，所以讓醫生先開始。其實這也是爭取了很久才可做到，因現今社會上的氛圍，就是千萬不要讓醫院出事，因為醫院一出現事故，後果會很嚴重。所以大家便用一個很小心的方法去執行，有關的影響會慢慢地浮現。

舉個外國的例子，醫學生可直接不用考畢業試，就可以當醫生，因為無試可考。然而你不讓準畢業生當醫生，哪有人來填補空缺？因每年都要有新同事來填補空缺。假若沒有新的畢業醫

生，醫生數目就會愈少，故不能這樣做。我聽説過外國有這些情況，但香港未至於這樣，畢業試還是要考，我們還是要找病人給他們去看診及測試他們的能力，但會盡量減少當中與病人接觸的時間。護理界和專職醫療亦是同樣情況，他們的學生在過去的半年其實也沒有接觸過病人，很明顯這並不理想，但在疫情當中，是有這樣的影響。

3. 行政團隊

　　相信大家都很認同及欣賞前線的醫護同事，因他們直接照顧病人，我也有臨床工作，所以我亦認同這看法。其實，在醫院前線同事背後，還有另一羣大家不知道的支援同事。在今年年初一，我在中午一時被急召回醫院，因為我們的醫護在非負壓房間曾接觸一位確診者，需要見記者交代情況。我那天一直在醫院開會及工作，直至半夜一時才完成工作回到家中（我太太還特意留了一碗雞粥給我消夜），這是我工作 30 多年來首次這樣度過年初一的。其實，中午一時被急召回醫院的除了我之外，還有整間醫院的高層及各部門的主管，差不多全部人都是在半夜才離開的。在往後一整個月裏，所有人都沒有放假，不論是平日或是周日，每天都在開會及籌劃，因為當時疫症剛開始爆發，來勢洶洶。

　　那些日子大家都面對很多的挑戰，很多事情需要思考。有

一件事情我們想都未想過，就算是世界各地專家也未曾思考過的，便是外科口罩不足。由於 SARS 的經驗，一些特別的 PPE（個人保護裝備）如 N95 口罩可能不足，我們是知道的，所以當時我們預備了 6 星期的儲備，到後來增多至 3 個月的儲備量。

未曾想過外科口罩也會缺乏，到後來市價曾經高至數十元一個（當時我太太也學會在網上購買口罩，因此現在網上購物也精明了不少）。全球也未曾想過外科口罩會不足，沒想過供應鏈會斷裂。那時我們處於一個很複雜的情況，在普遍 PPE 和口罩不足的情況下，要保障醫護同事的安全。我們的底線是——病人，我們會盡量醫治，把他們治好，但不可讓任何一位同事在工作中染病。

當年沙士，我們曾經有同事在工作中染病離世，這是我們一條感情上的底線，必需要守着。其實管理層面對的壓力及付出也不少，既要平衡 PPE 及口罩大量的消耗，亦要保障同事的安全，唯有在需要的地方使用適合的 PPE，但不是最高規格的。因為若所有地方都使用最高規格的 PPE，那肯定會令 PPE 不足。不足的意思是「真的沒有」，沒有 PPE 時，如何讓同事安全進出高危病房？

張竹君醫生，相信大家都認識她，她每天面見傳媒，多個月沒有放過一日假，後來有記者朋友問候她時，張醫生說：「我

不是最辛苦那個，我們背後有很多同事同樣辛苦，甚或比我更辛苦，在自己的崗位上付出。」當然，薪金背後的代價就是工作，這是我承認的，但其實同事們的付出已是超於薪金的回報。很多時大家對幕後付出的人感恩之心是略少了，因為大家看不見。然而，若發生絲毫差錯，有關的同事便會受到社會大眾的針對，當中有些近似在雞蛋裏挑骨頭，這無疑是一種很大壓力。對於行政團隊而言，尤其作決策的同事，都會擔心要承擔的後果，除了即時的後果，也會有在事情完結後的調查。沙士後，一些管理層曾經被「秋後算帳」，我們時常被提醒要謹記沙士時的教訓，指的不是醫療教訓，而是在立法會經歷到的教訓。

所以，大家可能認為管理層的自我保護意識過強，過度小心，但他們的確要處理事情的長遠後果，盡量避免出錯，因為出錯後需要承受的後果會很大及嚴重，這是很大的壓力，在這些壓力下，一些可能值得做但較冒險的方案，便不會被認可。在嘗試放鬆想做好時，便需平衡風險，因為風險一定會提高，那如何可以達到這一步呢？社會氛圍便很重要，若果社會是包容的，大家處變的膽量便會高一些，所以現今的香港社會是需要改變的。

有危便有機，在這疫情中，長者病人需要學習科技，現在這代長者可能比較困難，但是我及在座某些人士也將會成為長者，我們會有所不同，起碼我們經歷過此次疫症，我們會懂得使用 Zoom 等新科技。長者病人應主動學習醫療科技，及學懂照顧

自己。以前的醫患關係，什麼也依賴醫生。現在應更加讓病人增權。此外，雖然現時醫院對長者的照顧已經不錯，醫療系統也不錯，但經過疫情後，發現不少硬件不能使用，需要重新思考及設計，希望將來能更好照顧長者。遙距科技及新模式治療是需要發展的，是時候邁進了，從前面對的障礙，我不希望疫情過後又重新出現，即使疫情之後病人與醫護距離近了，不需遙距，但我認為社會在進步時，便需改進。

結語

長者治療後的復康之路，是漫長的，不是一蹴即至，治病後需要經過一段過程才會康復，也要關顧環境、經濟、照顧者等等。我想，香港也是病了，香港的復原之路，也和長者的一樣，並不是治療後便可馬上康復，COVID-19 的影響，不是有疫苗後便可立刻回復舊觀。香港除了「身體」出現毛病，還有很多「心」、「社」、「靈」的問題，由 2019 年下半年開始，大家的心理狀態不同了，而且，經濟上的困難也要思考，因為一個康復的過程是需要考慮到以上因素的。

最後，我認為全世界也是如此病了，需要走一條康復之路。香港是世界的縮影，長者病人就是香港的縮影，我們的希望是，康復後會更強健，因為有抵抗力，希望大家在康復的道路上互相扶持包容，繼續前行。

一例重症新型冠狀病毒肺炎患者護理全過程的回顧與思考

東莞市第八人民醫院護理部主任
重症醫學科護士長
宋秀嬋護士長

回顧新型冠狀病毒肺炎患者護理的全過程，從中提取成功的護理經驗，以作為臨床參考，從回顧中得出通過成立救治小組、病情研判、醫護一體化查房、心理護理，及早期康復介入，可及時發現病情變化，改善患者結局，緩解焦慮抑鬱情緒，提高生活質量。

新型冠狀病毒肺炎（COVID-19）是一種新型冠狀病毒感染引起的急性呼吸道傳播疾病，它與嚴重急性呼吸綜合症（SARS）和中東呼吸綜合症（MERS）的致病因子同屬 β 冠狀病毒，具有人羣普遍易感性[1]。常見症狀包括發熱、乾咳、乏力，少數患者伴有鼻塞、流涕、肌痛和腹瀉等[2]，部分患者多在發病一周後出現呼吸困難和低氧血症，嚴重者快速進展為急性呼吸窘迫綜合症、膿毒血症休克、難以糾正的代謝性酸中毒，及多器官功能衰竭等。

新冠肺炎除引起身體損傷，甚至造成死亡外，對於人造成的心理危機同樣不可忽視。新冠肺炎患者需隔離治療，家屬不能陪護探視，導致患者易產生緊張、焦慮、抑鬱、恐懼，甚至絕望等心理問題[3]。據文獻報道，重症病患常比輕症患者更容易悲觀消極，甚至出現輕生念頭或自殺行為，需要格外防範[4]。

病情研判、醫護一體化查房、心理護理，以及早期康復干預介入是新冠肺炎治療的根本依據，在疾病急性期的病情穩定階段，康復介入越早越好，可改善新冠肺炎患者呼吸困難症狀和功能障礙，減少併發症，緩解焦慮抑鬱情緒[5,6]，提高生活質量。

個案分享

基本資料：劉某，女性，25 歲，身高 167cm，體重 67kg，
　　　　　BMI24，未婚
主訴：2020 年 2 月 7 日因「反覆發熱 4 天」入院

現病史：患者入院 4 天前無明顯誘因出現發熱，最高體溫達 38.5℃，患者於 2 月 7 日在門診就診，入院當天 CT 提示雙肺多發的毛玻璃樣改變。門診以「新型冠狀病毒性肺炎待排」收入院進行隔離治療。患者既往無特殊病史。無武漢疫區長期居留史；在工作中有新冠肺炎病人接觸史。入院後核酸檢測 7 次，前面 4 次為咽拭子檢測均為陰性，後面 3 次為血清檢測，最後

一次血清檢測是在發病 17 天後檢測結果為陽性，陽性結果可以進一步確診該病例為新冠肺炎。入院後患者的用藥包括抗生素、激素、抗病毒藥物、免疫調理的治療。於 2 月 20 日出現反覆發熱，波動在 37.8 到 38.7℃，考慮該患者有潛在重型新冠肺炎向危重型發展的迹象，20 日與 22 日兩次 CT 改變出現新發的毛玻璃影，兩下肺有實變影。23 日經過遠程連線會診，會診意見考慮患者主因仍是病毒的問題，目前沒有典型霉菌肺炎的表現，會診結束之後，把治療方案進行優化，動態觀察患者用藥後反應及體溫變化。

治療方法：

1. 成立救治小組

　　救治小組採用的是，支援醫療隊和定點收治醫院醫護工作人員聯合救治的工作模式，固定責任護士管床，暢通溝通渠道，設立床邊專用手機，建立患者救治羣，每兩小時反饋監護儀動態，每天進行病情總結，提出疑問，多方討論，共同決策，時刻關注患者病情變化及護理成效，促進康復。

2. 醫護一體化查房

　　每日醫護一體化管理模式強調醫護雙方共同參與，相互合作。成立醫護工作小組，主任擔任組長，護士長任副組長、管床醫生、責任護士為組員，醫護共同查房，並制訂患者的治療護理康復方案。每日進行床邊交班、查體、問診，由責任護士介紹患

者病情及治療、護理落實情況，管床醫生介紹患者檢查報告、查體陽性體症、突出重點問題，管床醫生及護士共同對治療護理計劃作出評價及調整，上級醫生及護理組長對制定的診療護理計劃進行補充及更正，並請康復師早期介入，制訂康復計劃。每天責任護士負責落實護理計劃，如做好患者基礎護理、生活護理、專科護理、功能鍛煉、健康宣教等工作。

3. 實施共情護理

由於 COVID-19 是一種新型傳染性極強的傳染病，患者對其不了解，會產生恐慌，出現焦慮，情緒低落等現像。在實施共情前對患者採用抑鬱自評量表（SDS）與焦慮自評量表（SAS）評估患者的抑鬱與焦慮程度，結果抑鬱評分為 46.2±4.1，焦慮評分為 58.3±4.6。採用敘事護理方法，引導敘事、外化問題。引導患者在敘事中，重點訴說自己負面情緒的由來、自己對負面情緒的看法。護士在傾聽中，了解疾病和困惑在患者生活中的發展歷程，並對與負面情緒相關的症狀進行形像命名。將人與問題分離，使問題具體化，產生共情反應[7]。從而消除護患之間的距離以及緊張感，消除患者疑慮，鼓勵患者堅定戰勝疾病的信心。

4. 早期康復介入

在院指導

根據物理治療評估結果，該患者存在的主要問題有：呼吸困難、氣道廓清能力下降、日常生活活動能力降低、輕度焦慮、

抑鬱情緒。康復治療目標為：緩解呼吸困難，提高氣道清潔能力、提高活動能力、緩解焦慮和抑鬱狀態。

康復治療措施：

1. **教育**：給予患者對於 COVID-19 疾病的正確認識，如何正確和堅持用藥，並進行放鬆訓練等心理干預[8]。

2. **體位管理**：白天間斷進行仰臥位→側臥位→俯臥位通氣。仰臥位時，床頭抬高 40 至 60 度，在膝窩下墊一枕頭，充分保持下肢和腹部肌羣的放鬆，每 30 秒一次，每日 3 次[9]。側臥位按照右側臥位→左側臥位進行，每兩小時一次，側臥位時在背部墊楔形枕，上方上肢下放置軟枕進行支撐。俯臥位的目的促進塌陷的肺泡復張，改善通氣 / 血流比值，提高呼吸的順應性，並幫助外周細支氣管分泌物引流，俯臥位時，頭部偏向一側，避免眼睛和呼吸導管受壓，兩小時一次，每日兩次。

3. **呼吸控制**：採取舒適放鬆體位，以半臥位為主，訓練時放鬆肩頸部輔助吸氣肌羣，經鼻緩慢吸氣，經口緩慢呼氣，並注意觀察下胸部擴張情況。在物理治療師的指導下由患者自行完成，以緩解氣短症狀，每 10 秒一次，一日兩次。

4. **轉移訓練**：床上轉移到椅子→椅旁的站立→椅旁的踏步進行轉移訓練，每 20 秒一次，每日兩次。

5. **康復師共同制定運動處方（5 級期早期程序活動具體方案）**，從 I 級活動目標：臨床穩定增加運動度；II 級活動目標：直立坐立，包括力量和活動肢體鍛煉，以抵對抗重力；III 級活動目標：增加軀體力量，活動下肢對抗重力，並準備負重鍛煉。IV 級活動目標：維持站立 1 分，在一定範圍內完成行走，負重和轉移到椅子上；V 級活動目標：增加行走距離，適當進行日常生活活動、呼吸功能訓練，包括腹式呼吸訓練、縮唇呼吸訓練、緩慢呼吸訓練、呼吸操訓練。每天指導患者根據早期程序活動計劃進行練習，全程由護理人員陪同，並在康復記錄本上記錄患者意識認知狀態、呼吸功能、心血管功能、軀體運動功能和心理狀態等方面情況，以隨時調整康復策略。

出院指導

患者康復出院，出院後進行兩周的臨床觀察。通過手機微信建羣，繼續進行居家隔離呼吸康復訓練，如呼吸操、呼吸訓練等，每周向護士彙報肺康復鍛煉次數及個人症狀。患者出院後無氣促、咳嗽、咳痰症狀，生命體征平穩。

個案結果：

在多學科協作下，2 月 26 日咽拭子、肛拭子、血清的核酸、結膜分泌物進行核酸的檢測，均是陰性的，IgM 229.73 Au/ml；IgG 144.62 Au/ml。3 月 5 號復查 CT，影像的改變跟臨床症狀體徵吻合，病灶的密度下降 50%，面積減少 50%，白細胞、

淋巴細胞、肝功能、酶學，肝酶、膽酶指標正常，呼吸支持、SPO2、氧合指數、肺功能在正常範圍，抑鬱評分為 24.2±5.1，焦慮評分為 32.3±3.4，與干預前比較明顯下降，經過 29 日治療，符合出院標準，予 3 月 6 日辦理出院。

總結而言，新型冠狀病毒對人體有很強的傳染力，主要通過呼吸道飛沫傳播和接觸傳播，在相對密閉的環境中長時間暴露於高濃度氣溶膠的情況下，還存在氣溶膠傳播的可能性[2]。COVID-19 患者的病死率較低，但重型及危重型患者的病死率較高，最近一項對於 52 例的重症患者研究發現重症患者死亡率超過 50%[10]，因此，通過成立救治小組、病情研判、醫護一體化查房、心理護理，及早期康復介入等系統的管理模式有序開展工作，以減少患者的組織器官進一步受損，改善生命體徵，提高活動能力，為繼續康復治療奠定良好的基礎。

—— 備註

1   Lu R, Zhao X, Li J, et al. Genomic characterisation and epidemiologyof 2019 novel coronavirus: implications for virus origins and receptorbinding［J］. Lancet, 2020, 395(10224) : 565-574.

2   國家衛生健康委員會：新型冠狀病毒感染的肺炎診療方案 (試行第七版)［EB/OL］，國家衛生健康委員會，2020-03-03。

3   石玉玲等：對 SARS 患者的心理疏導——附 42 例病例分析，解放軍護理雜誌，2003(12)：第 63-64 頁。

4   孫靜：羣體性事件的情感社會學分析［D］，上海：華東理工大學，2013。

5   段周瑛等，新型冠狀病毒肺炎住院患者康復介入原則與策略［J］，康復學報：30（2）: 1-5。

6   謝欲曉：新型冠狀病毒感染肺炎患者康復治療［J］，康復學報：30（2）: 1-3。

7   齊曄等：新型冠狀病毒肺炎的公眾認知、態度和行為研究，熱帶醫學雜誌，2020. 20(02)：第 145-149 頁。

8   馬楷軒、張燚德、侯田雅等：新型冠狀病毒肺炎疫情期間隔離人員生理心理狀況調查［J/OL］，中國臨床醫學：1-5［2020-03-08］。

9   Eastwood G, Oliphant F: Is it time to adopt a set of standard abbreviations for patient body positions in the ICU［J］Aust Crit Care, 2012, 25(4) : 209.

10   國家衛生部：醫療機構管理條例實施細則［J］，中華醫院管理雜誌，1995(5)：317-319，302。

疫症監察及隔離檢疫

監管及隔離檢疫的法律問題

黃偉傑大律師

　　直至 9 月 19 日，2019 冠狀病毒確診者已達 5,000 名，103 宗死亡，而康復出院的有 4,700 多人。本文主要涵蓋香港政府對 2019 冠狀病毒病在法律上實行的措施，亦會提及兩個案例作為討論。

　　以法律的措施而言，香港政府以多管制下實行強迫性的措施，以避免病毒在社區擴散。措施大致分為三個範圍：強制檢疫安排；從高風險地區抵達香港之人士；社交距離措施，包括羣組聚集、公眾地方佩戴口罩、餐飲業措施等。

疫症下的法律

　　以下將逐一簡略探討相關的法律條文，即第 559 章附屬法例 C 至 I：

1.　第 559 章附屬法例 C 及 E：《若干到港人士強制檢疫規例》就是從中國內地、澳門或台灣在香港以外的地區到達香港的人士需要接受強強制性檢疫，檢疫期為到港當日起計的 14 天。該條例中説明在檢疫期內，該人士獲授權人員指派的檢疫地點或該人士選定的地點。此外，任何人士如未獲許可，不得進入其人士的檢疫地點。此規例自本年 2 月 8 日起已生效至本年 10 月 7 日。任何人無合理辯解而違反此條例，一經定罪可處第四級罰款及監禁 6 個月。而屬法例 E 是指除中國內地、澳門、及台灣以外從其他地區抵達香港。

香港政府由 3 月 25 日起禁止非香港居民從機場入境。
圖為香機場禁區的檢疫情況。
（《明報》資料圖片）

2.　第 559 章附屬法例 D，賦權獲授權人員在預防和控制疾病傳播的情況下，要求任何人士提供或披露有關識別和追蹤可能已蒙受有染上疾病的危險的人士的資料，例如外遊記錄、曾到訪

處所或曾接觸人士等。

3.　第 559 章附屬法例 F，《預防及控制疾病（規定及指示）（業務及處所）規例》，即限聚令。這條例包括餐飲業務的場所，售賣或供應食物或飲品的限時，座位人數等。任何人身處任何餐飲處所內，除於在該處所內飲食時外，須一直佩戴口罩。進入餐飲處所前，須先為該人量度體溫等規定。此外有條件重開其他的公眾娛樂場所、卡拉 OK 場所、泳池、按摩院、美容院、浴室、健身中心、麻將天九耍樂處所、會址、遊樂場所、遊戲機中心、體育處所。此條例生效至本年 12 月 31 日。

4.　第 559 章附屬法例 G：《預防及控制疾病（禁止羣組聚集）規例》，主要是限制在公共場所聚集人數，違規者可被罰款港幣 2,000 元。此條例豁免的羣組聚集包括為交通運輸或與交通運輸有關的羣組；為執行政府職能；為執行法定團體或政府諮詢機構的職能；在工作地點為工作而進行；為在醫療機構獲得或接受醫院或醫護服務；共住的同一戶人；為以下目的而進行的羣組聚集 (a) 在法院、裁判法院或審裁處進行法律程序；(b) 執行法官或司法人員的職能；或 (c) 處理司法機構的任何其他事務；及對在立法會或區議會進行的程序屬必要的羣組聚集。

此外，喪禮上的羣組聚集，或於哀悼或悼念尚未入土或火化的先人的任何其他場合上的羣組聚集。至於婚禮不多於 20 人

的羣組聚集，及並無供應食物或飲品。另外，任何會議上的羣組聚集，在會議上並無供應食物或飲品，而多於 20 人的聚集，應設有措施將參與者分散於不同房間或區隔範圍。最後是為傳揚有助預防及控制指明疾病的資訊或技巧而進行的羣組聚集。

5.　第 559 章附屬法例 H：《預防及控制疾病（規管跨境交通工具及到港者）規例》，指坐飛機或其他的交通工具抵達香港的當日，或在該日之前的 14 日內，曾在任何指明地區即孟加拉、埃塞俄比亞、印度、印尼、哈薩克斯坦、尼泊爾、巴基斯坦、菲律賓、南非及美國停留。

6.　第 559 章附屬法例 I：《預防及控制疾病（佩戴口罩）規例》，擴闊須佩戴口罩的地方的範圍至公眾地方，室內公眾地方、公共交通總站和轉乘處為相關公眾地方。在指明期間內，任何人在登上公共交通工具時，或在身處公共交通工具上時；或在進入或身處港鐵已付車費區域時；或進入或身處指明公眾地方時，須一直佩戴口罩。所有室內公眾地方以及公共交通總站和轉乘處，而「室內」的定義是根據《吸煙（公眾衛生）條例》而界定，指明禁止吸煙區。最近豁免的公共地方包括郊野公園及作戶外運動時。

然而，這款不適用於以下人士：未滿 2 歲的人；有合法權限或合理辯解不佩戴口罩的人；及正參與在任何法庭、法定審裁

處、法定委員會或法定仲裁處進行的法律程序，並獲該法庭、審裁處、委員會或仲裁處指示或准許不佩戴口罩的人。在不局限合理辯解的範圍的原則下，以下情況下，任何人即屬有合理辯解：因身體上或精神上的疾病、損害或殘疾，而不能戴上、佩戴或除下口罩；或該人戴上、佩戴或除下口罩，會對該人帶來嚴重困擾；該人正陪同或協助另一人，而該另一人依賴讀唇與該人溝通；該人有合理必要不佩戴口罩，以避免自己或其他人身體受傷害；該人有合理必要進入或身處指明公眾地方，以避免自己身體受傷害，但該人沒有口罩；該人不佩戴口罩以作出任何以下作為（但僅以該作為在有關情況下屬合法為限）飲食；用藥；保持個人衛生；公職人員在執行其職能的過程中要求該人除下原本佩戴的口罩；如為業務目的而有合理必要核實該人身分——該人有合理必要為進行該項身分核實而不佩戴口罩。

除了上述以外，未有按規定佩戴口罩或違反上述條文，最高可處第二級罰款 5,000 元。此條例生效至本年 9 月 24 日。

兩個特別案例

在行使了上述的法例以來，以下兩個較特別的案件：

案件 1：Syed Agha Raza Shah v Director of Health [2020] HKCFI 770

本年 5 月 8 日，法院聆訊了一個緊急的人身保護令的申請，申請人 Syed Agha Raza Shah 是一名從巴基斯坦經多哈返港的香港居民，在本年 4 月 28 日到港後根據 599E 條例被勒令到駿洋邨接受 14 天隔離檢疫。

他申訴有同飛機返港的其他旅客毋需到上述檢疫中心，亦有來自英美的有冠狀病毒較巴基斯坦更嚴重地區抵港人士，反而可以在其寓所或在酒店隔離，故此他認為是因為他的國籍或種族。

根據人權法案第 6 條，法院接受有隔離檢疫的人士前往不論是檢疫中心、寓所、或酒店其特權應受管限。而對申請人行使的措施（即安排他往上述的隔離檢疫中心）可滿全四步驟均衡的檢測。政府律師已解釋，在決定前往那個中心是考慮當時該人士從海外什麼地方來港或返港。以巴基斯坦來說，在 4 月份，每 100 萬人口來算只有 710 名做檢測（相比香港兩萬），其中在 4 月 27 日前已有 60% 有確診。法官認為明顯地在寓所隔離並非有效目的以減少對社區傳播。

此外，申請人亦投訴有關膳食問題，因他是回教徒而戒吃

豬肉，其次是擔心上述中心保安問題。政府律師解釋當隔離人士入住後可以要求安排特別食譜，而上述中心的保安是由私人公司負責管理，且有定時巡邏。 此案件結論是申訴人的人身保護令申請被拒絕。

案件 2：Horsfield Leslie Grant v Chief Executive of the HKSAR [2020] HKCFI 903

此案例是另一項法院緊急聆訊，申請人是一家五口是香港居民及一名家傭於年本 2 月 7 日離港前往南非，於本年 5 月 14 日從南非約翰尼斯堡經多哈返港。他們 6 人被送往亞洲博覽館接受檢測，之後被安排到八鄉少年警訊永久活動中心暨青少年綜合訓練營接受 14 天隔離。

該 6 人家庭的代表律師指出，申請人不滿隔離營內衛生環境及供應的食物欠佳，卻不獲准回寓所隔離。尤其是家中有一名 19 個月的嬰孩，故認為衛生條件不適合幼童居住，加上首申請人患有血壓高，健康情況會因面對環境問題擔憂而受影響。申請人認為住處是獨立房屋，故適合做隔離。此外，申請人質疑疫情的風險評估，南非跟其他高風險地區比較（如美國、英國、俄羅斯、墨西哥、巴西等）確診數字較少。

最終法院拒絕此申請，法官認為衛生署對於不同國家的風

險評估屬署方的專業判斷，除非衛生署的做法明顯錯誤或不合理，否則法庭不應干預，署方做法的合理性和合法性，亦不應因為有個別從更高感染風險國家返港的人士，獲准在家隔離而被削弱。至於申請人的個人情況，法官認為要求署方在機場即時評估個別返港人士的情況是不切實際的；況且，申請人當時亦沒有即時提議可在家中接受隔離，而署方其後亦有回應指，在隔離營內接受隔離，是為免病毒傳染的更佳方法。法官因此認為署方的決定合法，要求申請人在上述中心隔離 14 天及完成四步驟均衡的檢測。

澳門新型肺炎及隔離分享

澳門教區生命委員會顧問
鄭霆鋒醫生

澳門現時有 696,100 人口，其密度高達每平方公里 21,160 人，北部更被視為世界上人口密度最高的地區之一。自從新型肺炎在去年 12 月在湖北爆發，澳門第一宗確診於本年 1 月 22 日，境內傳播個案發現於 2 月 4 日。直到目前累計個案共 46 宗，其中 44 宗是境外輸入個案，僅兩個為輸入相關個案。所有患者康復出院，並無死亡。可是，澳門的經濟來源主要是旅遊與博彩業為主，因疫情關係，澳門的封關及隔離措施大大影響了本地經濟。

澳門應對疫情概況

當第一宗確診出現的翌日，澳門立即實施口罩供應計劃，居民與外地的僱員可在指定的 50 多間的藥房買最多 10 個口罩，10 天後才可再購買，即每 10 天一輪。目前該口罩供應計劃持續，而且已到了第 20 輪。並且自 1 月底，10 間衛生中心都提

供售賣口罩服務。

　　在 2 月初，當第一波的高峰期時，澳門關閉 81 間娛樂場博彩營業場所，以及其他娛樂設施 15 天。到了 3 月底在第二波疫情高峰期，澳門禁止入境前 14 天內曾經到過外地的澳門居民入境，但中國內地、香港、和台灣的居民除外。於 4 月初，往返香港澳門的所有公共運輸工具全面暫停營運。此外，所有學校在新春假期後延遲開學。

2020 年年初，港人在澳門內港碼頭入境時，
須向衛生局人員提交健康申報表。
（《明報》資料圖片）

　　至於入境者隔離方面，從 3 月中起來自疫情高風險地區的旅客，需到指定的酒店或路環高頂的公共衛生臨床中心，接受 14 天的醫學隔離，而來自中低高風險地區，則可接受 14 天的家居醫學隔離。而外來旅客，從 4 月中起要求航空公司查看旅客

是否符合澳門入境政策，外籍人士不容登機。亦要求入境人士須出示 7 天內檢測報告屬陰性；但豁免居民在台灣做測試。漁民方面，從 4 月底開始，須在漁船上或到指定酒店隔離 14 天。

對於內地的入境人士，從 5 月中起，要求須持 7 天內病毒核酸證明。到了 7 月中，而乘搭港珠澳大橋穿梭巴士入境的乘客，同樣必須出示核酸陰性證明，及 14 天的醫學觀察。不過，往來港澳不超過 30 人的貨船工作人員，可獲豁免隔離。

到了 8 月初，因應香港的第三年波疫情加劇，故香港入境的人士須出示 24 小時的核酸陰性證明，並進行 14 天的醫學觀察。到 8 月底，若干的中國內地省份，包括遼寧和廣東省，被列為低風險地區。在上述的一系列措施實行中，持續地調整管理及檢疫政策，追蹤動態，協調中心跨部門運作，力度由上而下。

澳門在實現政策都根據相關的法律條文及規定，包括傳染病防治法、建立傳染病強制申報機制，並規定相應的行政處罰，還有修改行政法規《傳染病強制申報制》附件。以下是兩宗檢控案件提上法庭，這反映政府對疫情的關顧，給予市民及社會宣教的作用，提高防疫意識。

一名留學生於 3 月中乘坐飛機從英國到達香港，經港珠澳大橋口岸入境澳門。在檢疫後到酒店進行自我隔離。但該名人士入住後的第 10 天離開房間到酒店大堂，之後與友人在其房間相聚約 20 分鐘。

法庭裁定這名留學生直接觸犯《傳染病防治法》條例，違反防疫措施，被判處兩個月徒刑，緩刑執行，為期一年。

案件二：

另一名人士於 3 月中從菲律賓乘坐飛機到達香港，經港珠澳大橋口岸入境澳門。該人士並沒有接受居家醫學觀察，卻在入境後的一小時經跨境工業區口岸離開澳門。6 天後警方到該人士的住址進行調查，確定該人士已離開住址。

結果法庭裁定該人士觸犯了《傳染病防治法》條例，違反防疫措施，罪名成立，被判處 3 個月實際徒刑。

着重傳染病治法並尊重人權

澳門目前的疫情已逐漸緩和，對內地通關逐步互相放寬，

有望 10 月 1 日後全面開通自由行簽證。回顧從疫情到目前約半年多所行使的措施，一方面焦點着重傳染病的治法，但亦要尊重人權，比如違法者可有上訴的權利。大前題是保障社會的秩序及市民安全，之後在這龐大的問題下彌補對經濟的衝擊。

澳門政府的政策力度相對較強，加上市民高度地配合，而且防疫的意識較高，對隔離及檢疫的抵抗相對較低。澳門亦有像香港般的全民檢測，目前有 4、5 個檢疫中心可供做檢測。首次做檢測費用全免，之後每次收取澳門幣 120 元，故此參與檢測的積極性高。展望疫情逐步平息，因仍會有機會再出現風險，澳門政府會持續對疫情的監控、管理及強制檢疫方針作調整。現階段是希望盡快恢復經濟。

檢疫倫理

天主教教區生命倫理小組主席
潘志明醫生

　　面對大流行，全球國家都有不同程度的強制公共衛生措施，包括入境限制，強制檢疫、隔離、佩戴口罩等等，其中最有爭議性的便是強制檢疫。檢疫是限制健康、但有機會患病的人士（例如來自多案例的國家、病人的緊密接觸者），在指定地方一段時間接受觀察。

　　檢疫（Quarantine）與隔離（Isolation）的對象不同，隔離是將患病者與其他人士分開，而檢疫的對象卻是健康的人士。爭論正正是來自限制健康人士的行動自由，被視為剝奪人權，世界人權宣言第一條便寫道：「人人生而自由，在尊嚴和權利上一律平等。」在強制措施中，公眾健康往往放在人的自主和自由之上，名正言順的干犯自主原則。本文將探討兩個議題，一為干犯自主原則的倫理基礎；二為檢疫的倫理規範。

公共利益與個體自主權

世界衛生組織在 2015 年出版了一本手冊，名為《疾病流行、突發事件和災害中的倫理學：研究、監測和病人治療：培訓手冊》，討論研究和監測的倫理問題，特別是公共利益與個體自主權之間的衝突，並作出以下總結：

「雖然自主權在倫理上很重要，但是自主權不是絕對的。保護自主權必須與其他合法的社會價值觀（如公共衛生）相權衡。只有當公共衛生的風險很高時（當需要採取強制措施來預防最大危害時），當個體被強制去做他們在道德上有責任去做的事情時，以及當強制措施不僅會給被強制人，而且還會給整個社會帶來好處時，才認為違反自主權的強制措施是非常合法的。制定強制措施的計劃應該確保隔離區安全、適宜居住並具備人性化的措施，包括提供基本的生活必需品。」[1]

以公眾健康先於個人最佳利益（Best Interest）決定道德對錯，即是以社會大多數人的好處作為要達到的「公益」（Common Good），以效益 —— 即大眾利益為依歸決定道德善惡，背後就是以功利主義（Utilitarianism）得到結論。這個說法也會受到詬病，犧牲「人」作為純手段（Merely as a Means）是不道德的，健康人士被強制檢疫 14 日而最終他沒有染病，為他有什麼益處呢？

自主原則下的最佳利益

　　看到不少有關逃避強制檢疫的新聞報道，甚至有人冒險跳車、爬出酒店。為得到人生自由，不難看見人只着重自己的最佳利益，滿有個人主義色彩。自主原則源自 Georgetown University 倫理學者 Tom L. Beauchamp 及 James F. Childress 出版 *The Principles of Biomedical Ethics*，提出自主（Autonomy）、行善（Beneficence）、不傷害（Nonmaleficence）、正義（Justice）四原則，並建構原則主義方法論。

　　縱然作者強調四原則沒有優次之分，以平衡及凌駕（Balancing and Overriding）的觀念來解決原則衝突的問題，自主原則卻成為首要考慮。例如傷害的行為並不一定干犯不傷害原則。當病人的痛苦到達不可忍受的程度，所謂比死更難受的時刻，病人要求醫生處方毒藥協助自殺，這個傷害人的行動在尊重病人自主的原則下變得合理，脫離痛苦對病人來說是最佳利益，能夠解決病人痛苦便是善行，符合有利原則。[2] 可以看到沒有不可變的「共同善」的後果，就是墮入相對主義的圈套。

位格主義 人與善

　　如果從位格主義（Personalism）看檢疫的需要，便會截然不同，位格主義將「人」放在最高的「善」，人的存有是靈魂肉

身的結合，這結合是人的本質，也是人主體性的基礎。《論教會在現代世界牧職憲章》指出，「人是由肉體、靈魂所組成的一個單位。以身體而論，將物質世界匯集於一身。」從受精卵到臨終的一刻，不論人在任何狀況，甚至不似人形，人仍然是人。就如《論教會在現代世界牧職憲章》所說，「人是萬有的中心與極峰。」每一個人都是不可取代的個體，擁有相同的價值和人性尊嚴。

人的存有也有其主體性，人可從內心自我經驗自己、監管自己。這內在發生的事件，成為所有人性行動的原因，讓人可以在這豐富的經驗中作出自我決定，成為行動的作者。自我決定帶來的是道德責任，體現人是道德主體，有行善避惡的自由。人不單是主體，也是行動的最終目的，人的行動出於人，同時也是為着人而行動。因此人與人之間有着憂戚相關的微妙關係，畢竟人過的是羣體生活，並非孤獨生存，人在團結互助中滿全人對人的道德責任，在互愛中自我給予，成為他人的禮物。[3]

人有超驗的一面，人本身有其使命和終向，因此人不是為達到目的的工具。人不是社會的其中一個元素，反而是社會的根源，社會的建構是為滿全人的終向。位格主義建構在人的本質上，考慮行為本身有沒有破壞人的本質和阻礙人的使命，來判斷行為是否合乎道德。相信天主的人會將人格主義伸展到人神聖的一面，人是天主的肖像，是神聖至不可侵犯的存有。[4]

從保衛原則看到自由的真義

從位格主義延伸兩大原則：保衛原則和自由與責任原則。位格主義強調人的生命是人的最基本價值，人需要尊重、保衛和促進生命。生命、健康是人類的「善」，是不損害原則中的標準，是社會的「公益」，就算是為大多數人的好處，也不能作出危害生命，或損害健康的行動或措施。事實上，沒有生命便沒有什麼自由可言，因此，保護生命的權利大於體現自由的權利，不損害原則優先於自主原則。

自由的運用是為行善

從保衛原則可以看到自由的真正意義，自由的運用是為行善，作出道德選擇，面對保護健康、生命的要求，人有必然道德義務和責任去滿全。就算只是患上感冒，病者也有道德責任避免傳染他人，傷害他人健康，縱然沒有檢疫令，也會負責任的主動隔離自己一段時間。的確，真正的自由選擇必然附帶責任，是回應「善」的責任，也就是一份道德責任，體現人本身的意義和終向。

將位格主義應用在檢疫措施，如果檢疫措施能夠保障個人或他人健康，即符合位格主義中的保衛原則，短暫犧牲個人自由不單止合乎道德，需要檢疫的人士更有必然的道德義務以自由回

應，作出負責任的行動配合，實踐自由與責任原則。位格主義與功利主義相迥異，雖然結論一樣，但對象不是「為大多數人的好處」，而是為「維護生命」。

對檢疫措施的倫理考慮，原則主義並不同意有絕對性和普遍性的倫理模式，認為不同場合會有不同結論，而個人自由仍然是首要考慮。原則主義以損害健康的嚴重程度衡量犧牲個人自由的需要，換句話說，輕度的傷害不足以侵犯個人自由，相反於有絕對標準的位格主義。自願檢疫作為合乎道德的檢疫是最理想的選擇，以真正的自由回應，保障社會健康。

強制檢疫的規範

然而，如果自願檢疫的效果成疑，而情況緊急，需要有效的檢疫，強制檢疫便不能避免。強制檢疫並非沒有規範，任由權力機構意願決定。R E G Upshur 就推行公眾衛生政策提出四項原則，值得借鏡：

1. **危害原則**——疾病本身是否會危害健康。因此，證實疾病本身會人傳人，而且引發大流行是關鍵。如果傳染徐徑不是人傳人的話，只需斷絕感染的媒介便足夠控制疫情，無需要檢疫、隔離措施。1997 年香港受到禽流感的攻擊，衛生署以「殺雞」作為杜絕傳染病的手段，成功控制疫情，無需要檢疫，便是一個例子。危害原則與位格主義的保衛原則相同，以維護生命健康作

為首要原則。

2. **最低限度的檢疫**——考慮包括強制與自願、時間長短、限制範圍等等。危害健康的嚴重程度是使用強制或自願檢疫的另一考慮，定義嚴重程度需要專家的意見和研究數據，例如流感傳染性也很高，但全球國家並沒有因流感而實施檢疫，只是呼籲和教育市民一些衛生措施減低傳播率。從監測數據得知冠狀病毒的死亡率是流感的 20 倍，蔓延的速度快而廣，後果非常嚴重，強制檢疫便十分合理。檢疫時間愈長、愈緊，對檢疫人士帶來的傷害愈大，無論精神上和經濟上的代價不菲。因此，應該採取最低限度的檢疫，包括最短的時間，最少的自由限制等等。

3. **互惠原則**——檢疫人士履行道德責任，但不應該孤獨的承受，反而社會要共同承擔，不可或缺的是對檢疫人士各方面的

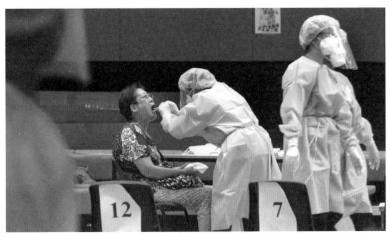

香港政府在 2020 年 9 月 1 日起推出「普及社區檢測計劃」，
在各區設立超過 100 個社區檢測中心，為期 14 日。
（《明報》資料圖片）

實際支援，以方便檢疫人士渡過檢疫期。首先檢疫人士的健康必需同時受到保障，政府需要盡力提供援助，包括生理、心理、經濟等範疇，例如合乎人道的檢疫環境、生活補貼等等。

4. 透明度——政府作為權力中心在檢疫的決定，需要收集專家和各利益相關者的意見，定時向公眾交代，以客觀數據適時調節檢疫措施。[5]

社會正義以對人的尊重為基礎

推行社會政策，必需合乎社會正義，天主教對社會正義的要求，以對人的尊重為基礎，視身邊的人為另一個自己，顧及近人的生命，滿全為人服務的責任。正因為人與人之間的平等價值和尊嚴，面對不平等的環境，人對人便有「連帶責任」（Solidarity），或稱為「友誼」、「社會仁愛」，以團結互助為原則，彼此幫助，分擔困難。社會各人以及政府對在檢疫中、在隔離中、或是受感染人士便有一份「連帶責任」，盡力支援。「連帶責任」不單展現在人與人之間，也在國家與國家之間，這是道德秩序的一個要求。[6]

帶有道德責任的自由

總而言之，從位格主義的進路，可以看到「人」是最高的

善，保衛生命和健康不單是人的私益，更是社會的公益，是人的召喚和終向。檢疫政策以社會公益為目的限制自由，自願檢疫是人對道德責任的自由回應，同意自由受到限制展現真正的自由，就是帶有道德責任的自由。因此，不損害原則優先於自主原則。

—— 備註

1　疾病流行、突發事件和災害中的倫理學：研究、監測和病人治療培訓手冊。周祖木譯。人民生出版社，2017 年。

2　TL. Beauchamp, JF. Childers, Principles of Biomedical Ethics, Oxford University Press, New York-Oxford, 2013, p184-185.

3　Thomas D. Williams, L.C., What is Thomistic Personalism?, Alpha Omega, VII, n. 2, 2004, pp. 163- 197.

4　Sgreccia E. Personalist Bioethics: Foundations & Applications. The National Catholic Bioethics Center. 2012.p122-123.

5　R E G Upshur. Principles for the justification of public health intervention. Can J Public Health. 2002;93:101-3.

6　天主教教理，1921 至 1941 條。

為什麼 2019 冠狀病毒的全球大流行是「史無前例」的？

意大利羅馬宗座宗徒之后大學生命倫理系教授
譚傑志神父

「史無前例」這詞彙是最恰當來形容 2019 冠狀病毒。然而，當深入探討人類歷史上所有流行病的死亡率，會發現目前的病毒未必納入十大之列。這真的屬史無前例嗎？那麼，有什麼改變了？

2019 冠狀病毒是史無前例，主要基於以下改變：

1. **世界變得全球化**——使時間和空間減縮了。

2. **媒體與社會系統**——現今社會因通訊發達，地球好像拉近了。即使遙遠的地方有危急的疫情在爆發，訊息迅速地傳遞，繼而做成緊張的氣氛，遠處疫情的影響彷彿就在附近似的。這種情況會做成大眾不安，以至缺乏安全感。

3. **健康與醫學**——現在醫學進步，可以解決多項疾病。醫療設備發達，人的壽命比幾個世紀前長。而現時的疫症因對人的生命有威脅，故做成恐慌。尤其當人有

對醫療的認識未必有正確的掌握。

4. **預算與期望** —— 面對疫情這大問題束手無策，只希望有新醫學之神出現，期待有萬能的妄想。

人與科技的關係

讓我們探討人與醫學及科技的新關係。醫學在過去的一世紀飛躍地進步。人的平均壽命有改進。100 年前人平均活到 40 歲，而現在人的平均壽命達 85 歲。同時，先進的國家在投放大量的金錢在保健及醫學上。這造成公眾一個極大的期望，就是醫學是有強力的，能治療許多的疾病。另一個對醫學有錯誤的概念，是來自荷里活或電視節目，就是醫學知識是快而準的。不過，在疫情中，人首次面對許多的不確實。不能想像醫學其實是一個不精準的科學。因為在科學的發展這個過程中，通常有不精確的科學見解出現。譬如在疫情下佩戴口罩的有效性、社交距離到底是一米還是一米半等問題。

人不能確實答案，是因為一直以來沒有相關的研究。而醫學的研究卻是需要長時間進行，才可找到正確的解決方案。可是，我們所見的是這些科學上的辯論過程，平常出現在含糊的科學期刊內。在多年來基於不同實驗的辯論，現在立即出現在社交媒體中。並非這些專家往往只是提供他們的個人意見，缺乏理據去支持其真實性，而是科學知識是需要長時間及過程才總結出其

真實。我們與醫學的關係已在史無前例中改變過來。我們已知道醫學有時會產生副作用，而治療卻可會使病症變差。在社會的層面而言，我們可以觀察到有醫學研究者將人的位格物化，即沒有將人作為中心。有醫生對死亡的態度及看法是忽視死亡的真諦。死亡在現今醫學中，變成一個沒意義的課題。

另一改變是我們與醫學及科技的關係在身體形象的改變。人的身體似乎不被重視，人的形象沒有了位格，而被當如數字上的功能。例如基因改造、將人機械化、以人工智能方法延長人的生命等。這就是不尊重人的身體，只但求數字化。

我們在這疫情中，可以看到很多只務求數字在圖表上把曲線攤平的遊戲。可是，現時很多問題在科學上，並不能明確給與一個決定性的答案。科學似乎沒能力尋覓到方法應付危機，例如政府、統計學家、專家等被抬舉得像完美般，但實在並非如此。冠狀病毒令我們了解到，人與未完美的科學知識共存。

當在危機之時，我們會發現政治和科學有時候會產生矛盾。因要達成完美的控制危機，有政治家道以「專家」的數據來支持管理手段。尤其在這疫情下，有政治家以「專家」的意見為藉口凌駕人權和自由。例如關閉公共地方及設施、強迫做檢測等，甚至用不人道的方法，如不容許探訪臨終家屬。個中目的不以人為中心，而是務求達到完美的數字為預防目標。了解危機的

意義時，有必要反省什麼是人生最重要的。疫情是否比家人相聚，及親人的關係更重要呢？

疫症期間，許多公共設施暫停服務，包括圖書館。
（《明報》資料圖片）

冠狀病毒後的將來

　　社會將來應如何控制及防止疫症呢？也許我們可借交通意外為例，不論乘車或駕駛都有風險。可以用統計死亡率，分析安全的駕駛速度，這就是基於知識，來做出控制及避免意外發生的方法。每一個國家和政府通常都會訂立一個速度限制，以確保對公眾最大的安全。但速度又不能太慢，因而使交通運輸造成不切實際。同樣地，冠狀病毒都要基於知識和風險的研究，讓政府實行基準，如合適的聚集人數、社交距離等，訂立接觸限制來抵禦社會中人的流動。可是，問題是還沒有科學的研究，完全地告訴

我們這方面的參數。

在疫情之後，經濟對社會帶來國際性頗大的影響。而在社會上，經濟直接影響就業、環境、醫療、教育等。至於宗教方面，天主教會將來是否可以用網上彌撒代替往聖堂參與彌撒，亦方便信徒在網上選擇神父主持的彌撒呢？

經濟可以影響政治，而政治家亦以手段來施壓，或怪責別國的錯來推卸責任。在相互及團結的問題上，當國家在疫情緊急時，會用責備和找代罪羔羊，這亦是有可能的政治手段。現在既定的例外成為規範，將來會否維持是問題。比方說，自由和私隱將來可能以緊急機制為藉口，因而喪失。

在討論問題部分，有關作為醫生的意義及義務，以及面對病重，以至死亡的恐懼。在醫學倫理上，醫生維持病人的生命不是絕對的。有專家及學者研究長生不老的方法，不過大部分人是接受死亡的。對於安樂死、基因改造、墮胎等來改變生命，都是人對生命有不同的價值觀。可是這些方法是否真的可以令人滿足呢？在此問題上，醫學及科學跟宗教倫理有持續的爭議。

在醫學上醫生最終目的是救人，病人死亡是失敗這概念不能接受；死亡是人必經之路。醫生的責任是救人，同時「病苦時的榮耀」及「死亡時的榮耀」這種概念應帶入醫學上，給予醫生

作為反思及指導。

　　此外，不需要因為疫情而有太大的恐慌。不論疫情帶來什麼的改變，肯定是倫理原則不能改變，應要堅定地尊重人的尊嚴為首要。

瞻望未來

中大內科及藥物治療學系助理教授
雷頌恩教授

2019 冠狀病毒疾病帶給我們不少倫理上的反思，其中有兩方面值得我們進一步探討：（一）在公共衛生的政策下，我們遇到的倫理衝突和挑戰；（二）各階層的醫護人員在面對疫症下的倫理道德挑戰，我們須反思怎樣走將來的路。

醫學倫理守則

醫護人員在平日的臨床判斷中，都會遇到一些醫學倫理上的挑戰。一般而言，我們都按着四個原則去作出決定：尊重自主、行善、不傷害及正義。這四個原則獨立去看時都沒多大問題，但在不少臨床情況下，不同原則之間會出現相衝，這時我們便要因應情況，平衡各種原則而作出較合理的評估和決定。

公共政策下道德倫理的挑戰

讓我舉兩個例子說明，在治療冠狀病毒患者期間，我們如何因公共衛生政策，而面對倫理上的挑戰。第一個案子發生於 3 月份，在我們的隔離病房中。當時，冠狀病毒患者必須有連續兩個核酸（PCR）檢測呈陰性，才可以出院。有一位症狀輕微的年青女病者在病房留院十多天後，檢測終於第一次呈陰性，滿以為第二天就可以出院，怎料到第二天的檢測報告是「弱陽性」。病者變得非常急躁，竟自行收拾個人物品要離開隔離病房，最後要勞動醫院保安員及警察才能把事件處理。

現時香港有法例監管對傳染病患者實施隔離措施，但醫護人員大多不希望用法律去處理與病人的衝突。一來法律也不一定是絕對的。例如在 2014 年，當西非爆發伊波拉病毒時，有美國的醫護人員遠赴西非協助。一位美國的護士從西非回國後，被政府要求她隔離兩星期。因伊波拉病毒不是經空氣傳播，故此這位護士在法院上訴得直。其次，我們都盡量希望以同理心了解病者的情緒，去處理這類情況。例如在隔離病房工作的護士，會跟病人分享自身情況，自己也是住在酒店不敢回家，以較人性的方法安撫，因被隔離而感到不悅的病者。

另一個例子，是有關於公共衛生政策下保障病者私隱的問題。在疫情下，香港每日下午衛生署都有疫情簡報會，而香港的

電視新聞及傳播媒體都會廣泛報道感染病者的資料、感染羣組的情況等，當中牽涉病者一些個人資料，甚至連患者的名字也曾出現於媒體中。雖然發布會從沒公布病者的名字，但傳統媒體或社交平台很快可以查到然後揭露。

在冠狀病毒下保護病者的私隱是一大挑戰。本年 1 月底即病毒最初出現時，醫院的警覺性還未提高。有一位感染者進入了急症室，之後數位急症室的醫護人員因沒有做好感染防護措施，而要隔離。消息很快傳開，更有醫院的同事質詢要公布被隔離人士的名字，以策安全。這些事件令我們不能不反思，於保障病人個人私隱與保障公共衛生安全下，要怎樣取得平衡。

公共衛生政策的道德倫理原則

在公共衛生的範疇下所遵循的倫理原則，往往跟臨床工作所看重的有差別。於臨床工作中，我們較着重個別病人的治療，特別尊重病者的自主權。但公共衛生則着眼於整體人口的疾病預防，遵循效益主義的觀念。當我們評價一項公共衛生政策是否合符道德原理，可以看看它是否有效達到預設的目標，所花的資源是否合乎比例，必須而又是最妥善的，而且是最少侵犯其他倫理道德原則的選擇，同時可以公開向公眾交代。

以下是數個公共衛生政策的例子，可以讓我們思考一下它

們是否符合以上的標準：

1.　由於醫管局的負壓病床不足，疫情初期沒有足夠的設施為病人做鼻咽拭子的檢測，醫管局的多間急症室便增設戶外臨時檢驗帳篷。初期有同事擔心這類設施未能安全控制傳播病毒，同時亦考慮會否令附近居民憂慮。但是經過多方解釋，同事明白空氣流通的地方傳播風險很低，也看到這些設施能有效地減低病床壓力，對疫情控制大有幫助。

圖為東區醫院的室外帳篷空間，讓曾外遊或曾與確診者
有密切接觸的不適者，在此等待測試及等候結果。
（《明報》資料圖片）

2.　以上提到疫情初期，為確保感染冠狀病毒的病者出院時沒有傳染性，他們需要等待連續兩個核酸檢測呈陰性才可以出院。這個措施明顯是為了公眾利益，而限制了個別病人的自主。因此，當其後我們對病毒的傳染性有了更準確的認知，知道了病

毒在病發十天後，或是產生抗體後，傳染性已大大減少，病人出院的條件也因應這些數據而更改了。這個例子反映隨着科學數據的進步，政策得以改變，以至對病者的侵害減到最低。

3. 在亞洲國際博覽館的臨時檢疫及治療設施，雖然是花了很多資源去建設，卻受到廣大的支持，因為它很有效地紓緩了醫院的壓力，同時能對病人提供適切的治療。反之，日前的普及社區檢測計劃，同樣投放了龐大的資源，但似乎市民未能掌握這政策的目標，難以判斷它的效益是否跟所用的資源合符比例。

公共衞生政策對自主權的威脅

以上所提到，因公共衞生政策而產生的倫理挑戰，很多時都與尊重個人自主有關。有學者指出，我們往往只着眼於政策如何限制人的選擇，是由於我們不明白個人的自主，就是我們的自由選擇其實被很多外在因素影響。因此，在推出政策時可以嘗試增加人的選擇，而非限制選擇。比方説，處理空氣污染問題，一般會限制汽車數量、增加汽車稅項及道路收費等，但卻忽略可以同時用政策鼓勵用電動汽車、多設單車徑等。在今次的疫情下，不少城市要強制市民留在家裏，即使在這狀況下，仍可考慮像澳洲維多利亞的一個市鎮的政府網站，它並沒有列出相關的居家令，卻提供了十項可以在家做的事情的建議。

我們也要關注在同一政策下，不同的人士所受的限制並不一樣。在 7 月底時，香港政府宣布午間不可以堂食。相信政府是不想為難市民，可是卻遺漏了少數實際上不能不在外用膳的人。在應對政府的政策下，教會在照顧社會各階層小眾的需要扮演着很重要的角色。疫情之初，有教會發起不同的活動及義務工作讓教友幫忙，譬如捐贈口罩、縫紉布口罩、提供地方午膳，及提供地方、網絡及電腦給基層的學生作為網上學習之用。

此外，政府和科學團體也有責任為大眾提供正確及全面的訊息，提升他們選擇的能力。作為市民也要了解清楚自己的選擇。例如在美國對使用快速測試去控制疫情有很多爭議。有專家擔心這類測試敏感度不夠高，但另一些專家認為由於它們十分便宜，方便在家自行反覆檢測，有助有效找出高傳染性的患者。因此，當我們要為個人，或是政府要為市民做一些抉擇時，都應作出較全面的考慮。

疫情下醫護人員所面對道德倫理的衝擊

在疫情初期，由於對這新病毒缺乏認識，醫護人員會產生恐懼。但即使如此，大部分前線同事都盡自己對病人的責任去履行職責。當中更聽到有同事因為家人的擔憂，甚至反對他們在疫情下的前線工作，而與家人產生矛盾。這不禁令我們反思，我們常常會把工作視為使命，但我們會否因此忽略我們對家庭的責任

呢？

　　另一個為很多醫護人員帶來衝擊的例子，是我們面對資源不足的包袱。年初閱讀《新英格蘭醫學期刊》的一篇文章，引述了三位在意大利北部工作的醫生難以面對的矛盾：「我們要決定那位病人可以得到治療（原因是呼吸機不足）」；「我們要決定誰可以死亡，誰可以存活」；「這是難以啟齒跟病者解釋的問題（這是指要以病者年紀來斷定怎樣分配呼吸機）」。

　　還有，當大部分政策和資源都投放在冠狀病毒患者的時候，我們仍要面對其他的病人。他們的需要很可能都被忽略了。醫管局在緊急的情況下，需要暫停或取消非緊急的療程，但這往往令醫務人員心裏不安樂。另一大挑戰，就是在疫情下的醫療教育。為避免醫學生受感染及減低醫院人流，醫學生不僅不能接觸冠狀病毒病者，更有一段時間不能進行任何臨床訓練。當然，這是對還沒有完成訓練的學生，和現時眼前的病人的責任。但我們也要反思，若因疫情而影響醫學生的培訓及臨床經驗，是否對他們將來的病人負責呢？

在疫症危機下的責任

　　為何醫務人員會在疫症下遇到以上倫理上的挑戰？在一般的臨床工作中，我們都遵守基本的原則，就是要照顧好眼前的病

人，但疫症給我們反思我們對自己、家人、其他的病者、以及整個社會都有要肩負的責任。在面對這疫症危機時，我們的思維模式要改變，要接受我們身處在危機當中，所以要依照危機中的醫療標準（Crisis Standard of Care）來實踐我們的工作。危機中的醫療標準就是在盡可能的情況下，對個別病人提供最好的照顧，但同時把焦點放在照顧整體社會的需要。

在危機中，預先的計劃尤其重要。醫療機構的管理層需負責任去策劃。例如在這次研討會中，我們討論到公私營合作在這場疫症中的角色。這類較複雜的項目，若在疫情還不是太嚴重時便開始討論和計劃，一定比身處危機中時才找對應方案來得容易。

其次，雖然在這次危機中我們要面對一個新的病毒，我們在制定決策時，更應基於當時已有的最好的科學證據。例如根據科學證據，年紀較大的病者死亡率最高，所以基於這些證據來制定預防政策時，我們應該讓長者有優先權接受有效的預防措施，例如有效的疫苗。

另外，面對資源不足的情況，我們要承認這情況確實存在，但並非要去接受。資源不足是可以預防和改善的。例如，美國有汽車製造廠改變廠房來生產呼吸機。香港亦有大學成功研發納米口罩，大大改善本地醫院的口罩供應。為了解決人手不足，

而未能達到目標的檢測水平，醫院引入自動化系統加快測試速度。

最後，我們不要忘記，危機是最好的時刻給我們機會去創新、改革和開發。一些固有的醫療程序和運作可以重新調整，以切合各人在這場疫症的需要。例如，在一些歐美國家在疫症初期，當前線醫務人員因缺乏呼吸機及深切治療病床，而難以決定給那些病者治療，有不少意見提出由另一個具經驗的獨立團隊去處理這些情況，以減低前線醫務人員的心理壓力。

另外，在疫症期間，臨床科學研究尤其重要，但受到多種社交距離措施影響，我們必須用革新的方法，如網上招募方式、郵寄藥物給病者等，去進行臨床研究。哈佛大學的一個醫學生組織更給予我們很好的榜樣，用創意去作出貢獻。他們雖然不能到醫院去幫忙，卻動員同學去製作不少關於疫症的教育材料給醫務人員及大眾，又為醫務人員提供間接的協助，如幫助照顧他們的小孩。以上的例子都讓我們看到在危機中，我們可以以創新的方法在疫情中守望相助。

總括而言，這疫情給我們一個機會去不斷反思，我們在當中學習了什麼，怎樣進步，同時在困難時怎樣表達對人的愛，在契機中作出奉獻。

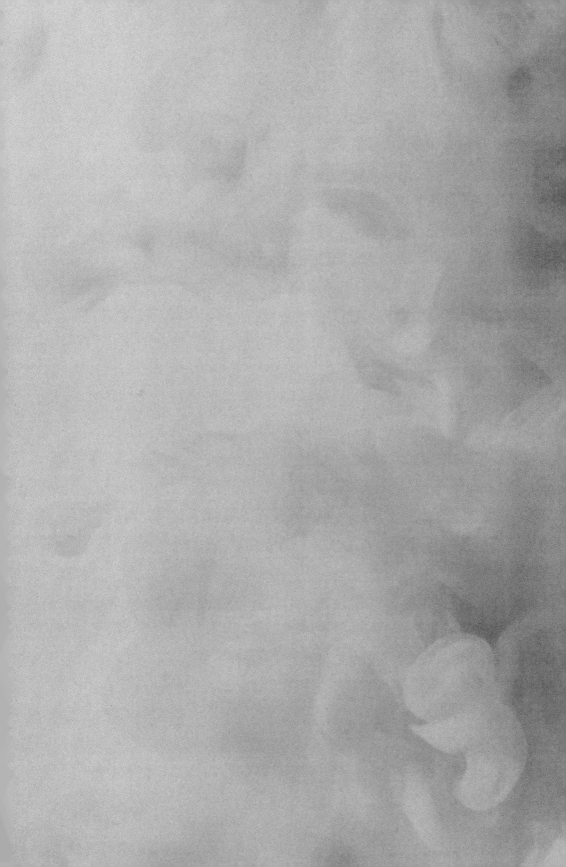

對第七次天主教生命倫理研討會的印象和建議

我要祝賀第七屆天主教生命倫理研討會的成功舉行。有關 COVID-19 的生命倫理，與醫學專業人員和其他人非常相關且重要。願天主賞報那些幫助這次研討會的人。

首先，我想分享一下我對這次會議的感受。我覺得大部分演講都很有趣。台灣的經驗使我特別感動，他們幫助醫院周圍以及其他國家和意大利的人民。大會的醫療人員也分享了意大利、西班牙、加拿大、中國內地、台灣和澳門等，世界其他地區的經驗。他們提醒我們，我們是與我們的兄弟姐妹同在。網上和現場講者以及聽眾的結合，為我們提供了新的和良好的經驗，可用於後續的生物倫理學會議。通過這種方式，我們將能夠使更多的人參與。

第二，我想為以後的研討會提供一些建議。許多聽眾可能不是生物倫理學的專家，因此談論基本原理是件好事。演講者討論了對我們很重要的不同模型。我們可以考慮使用這種原理和模型來研究不同的問題，以便我們可以將這些原理應用於現實生活中，並了解為什麼不同的生物倫理學家之間存在衝突和差異。

我想舉一些例子：

1. 病毒普及社區檢測是否合乎道德？花費了多少？如何公平分配公共資源？我們可以向澳門學習，要求用者支付一些費用嗎？

2. 口罩和大量實驗室測試均可能導致環境破壞。如何減少損害？

3. 隔離可能會造成很多附帶損害。這成本很昂貴，並且給許多人帶來不便。當某些人也隨後與被感染者一起隔離時，可能會被感染。此外，由於 COVID-19，香港公民被剝奪了選舉權。我們如何判斷檢疫限制的適當性？

4. 討論了關於罷工的倫理。儘管罷工權受到《基本法》的保護，但我們仍然可以討論道德問題。英國、韓國和西班牙的醫療保健專業人員也罷工。我們如何在工作罷工中使用不同的生物倫理學模型，尤其是在不同的情況和要求下？

最後，我們的聽眾也希望了解我們教會的教導。否則，他們將不會參加這次天主教生物倫理研討會。因此，最好是通過不同的道德模式討論不同的主題，然後再用教會的訓導進行解釋，最好由我們的神師或專家來解釋。

總而言之，通過這次研討會我學到了很多東西，謝謝大家。

天主教醫生協會前主席
梁焯燊醫生

依從道德原則
有助討論激烈議題

新型冠狀病毒（COVID-19）在本地和全球肆虐，其影響可說是在近代歷史中前所未有的。

香港自 2003 年處理沙士（SARS）疫情以來，已累積了相當豐富的經驗。在過程中，我們的社區展現出極大的勇氣和智慧，即使 SARS 疫情的爆發是較為短暫但猛烈。從那時起，我們學到了很多有關如何應對冠狀病毒大型感染的知識。這些難以泯滅的社區回憶，幫助我們面對 17 年後的今天，COVID-19 所帶來的種種挑戰。

現在我們對 COVID-19 病毒、其傳播方式、最易受感染的羣組、如何更有效地治療患者等，有更多的了解。但是怎樣去杜絕病毒，我們仍然沒有足夠的把握；治療的希望，只好落在還需時間開發的有效疫苗。所以對於未來，我們仍是一籌莫展及充滿憂慮。然而全球各國已盡最大努力，務求遏制感染，並將有關風險減至最低。

過去 9 個月，處理及防範疫情的措拖，再加上受感染風險的威脅，我們的日常生活已經被逐步改變了，例如安全社交距離、佩戴口罩、洗手消毒、量度恆常體溫，及病毒檢測已成為生活常態。日常的社交活動和我們的靈性需求也受到影響；在限聚令下，朋友和家庭之間的聚會減少，到聖堂參與聖事、祈禱等都受到必須的限制。那些一向感到孤立的弱勢羣體，在心理健康上更有着重大的影響。

新冠疫情亦衝擊着經濟，很多職位例如旅遊業、零售業和酒店業的都在慢慢流失。香港出外渡假旅遊也受到嚴重的規限。教育方面，幼兒園到中學都受到重大的影響。校園學習和工作的行為模式，都發生了劇烈的變化，如使用會議軟件、透過互聯網學習、參加網上會議、在家工作等等。隨着我們的社區逐漸適應疫情的挑戰，我們被迫接受了這些學習、工作、表達信仰和社交的新形式；可見疫情若持續，這些變化將會成為我們的「新常態」。

因此，是次為期兩天的會議適逢其會地，聚集了來自不同背景和學術範疇的本地和海外專家講者，就新型冠狀病毒在本地和全球大型爆發期間，所面對的困難和挑戰，分享及交流他們的寶貴經驗、知識和獨有心得。在面對挑戰及尋求解決有關問題的方案時，他們特別考量所採用的道德框架和價值觀，回到最基本的原則，即為善不損益的規律、個人權益與謀取正義，和各者間均衡的需要。

因着疫情限聚的緣故，參加者和講者嘉賓可在會場或透過會議軟件在網上參與。我們將兩天的座談會分為四個部分，深入討論了在疫情的挑戰下所經驗到的四個關鍵議題。首先是面對 COVID-19 的大幅度傳播及感染，作為專業醫護人員及社區一份子，如何做好疫情下的醫療關顧；其次是如何有道德地分配有限的資源；第三是新型冠狀病毒所引起的附帶傷害；第四是疫症監察和隔離檢疫所帶來的衝擊。除了本

地及海外講者的專題講解外，我們還有專家組成的專題討論小組，與參加者就一些熱點話題進行互動討論。

很多講者嘉賓都提出了一個在疫情下提供醫療／社會關顧時的重要問題，為了維護公共衛生而作出的干預措施，往往會與個人權益產生張力，而引起不同程度的關注。持續的意見表達和討論，將有助於紓緩護理人員在道德上的掙扎，同時又可加強在應對有關危機時的能力。當中可能沒有完美的解決方案，但接受現實同時，只要依從道德原則，便有助處理討論激烈的問題。我們知道，危機能激發創意，這些嶄新的做法會被將來所肯定、接受和融合。

講者嘉賓在專題論述時，都分享了他們真誠及意味深長的個人經歷及研究個案，這些在本書前部分已清晰地闡述了。我們希望這些豐富的內容和經驗，有助讀者無論現在，還是將來，在面對及抵抗 COVID-19 疫情時，都能夠反思和處理在日常及關鍵時刻所面對的挑戰。

前明愛醫院及聖母醫院行政總監

丁詩妮醫生（Dr. Helen Tinsley）

第七屆天主教生命倫理研討會 現場花絮

第七屆天主教生命倫理研討會於 2020 年 9 月 19 日及 20 日舉行，主題是有關 2019 冠狀病疫症的倫理反思，邀請到眾多嘉賓到場分享寶貴的經驗。

左起：鍾凌慧女士、馮慕至博士、丁詩妮醫生、甘啟文教授、蔡堅醫生、麥建華博士、湯漢樞機、林祖明神父、霍靖醫生、呂志文神父、歐陽嘉傑醫生、陳磊石教授、阮嘉毅醫生、李大拔教授

明愛專上學院校長麥建華博士進行開幕演講。（司儀：鍾凌慧女士、甘啟文教授）

湯漢樞機蒞臨現場發表講話。

講者嘉賓合影。（左起：莊勁怡醫生、鍾凌慧女士、歐陽嘉傑醫生、阮嘉毅醫生、
丁詩妮醫生、李大拔教授、楊紫芝教授、甘啟文教授、呂志文神父、陳惠明醫生、
陳沛然議員、霍靖醫生、梁焯燊醫生、黎天姿博士）

何曉輝醫生、呂志文神父探討疫情下的醫療關顧。

何錦德高級護士長、莫俊強醫生就新冠病毒引起的附帶傷害進行討論。

「疫」流而上
新冠狀病毒帶來的挑戰與反思

編著	聖神修院神哲學院 生命倫理資源中心 明愛專上學院 健康科學院
編著小組成員	呂志文神父、阮嘉毅醫生、陳磊石教授、 丁詩妮醫生（Dr. HELEN TINSLEY）、 甘啟文教授、黎天姿博士
協力人員	霍嘉敏、陳詠翹、伍穎曦、周詩明、 莫沛欣、張景輝、梁佩儀
責任編輯	周詩韵、劉敬華
美術設計	簡雋盈
出版	明窗出版社
發行	明報出版社有限公司 香港柴灣嘉業街 18 號 明報工業中心 A 座 15 樓
電話	2595 3215
傳真	2898 2646
網址	http://books.mingpao.com/
電子郵箱	mpp@mingpao.com
版次	二〇二〇年十二月初版
ISBN	978-988-8587-40-4
承印	美雅印刷製本有限公司